大学生农业农村创业教材
江西省新型职业农民培训教材

家庭农场与乡村振兴

张新春◎主编

江西教育出版社
JIANGXI EDUCATION PUBLISHING HOUSE
·南昌·

图书在版编目（CIP）数据

家庭农场与乡村振兴 / 张新春主编. -- 南昌：江西教育出版社，2021.7
ISBN 978-7-5705-2766-3

Ⅰ. ①家… Ⅱ. ①张… Ⅲ. ①家庭农场－农场管理－中国－高等职业教育－教材②农村－社会主义建设－中国－高等职业教育－教材 Ⅳ. ①F324.1②F320.3

中国版本图书馆 CIP 数据核字(2021)第 148463 号

家庭农场与乡村振兴
JIATING NONGCHANG YU XIANGCUN ZHENXING

主　　编：张新春
责任编辑：田　玲　龚　琦
责任校对：胡　兴
出　　版：江西教育出版社出版
地　　址：江西省南昌市抚河北路 291 号
邮　　编：330008
发　　行：各地新华书店经销
印　　刷：安徽联众印刷有限公司印刷
版　　次：2021 年 7 月第 1 版
印　　次：2021 年 7 月第 1 次印刷
开　　本：787 毫米×1092 毫米　1/16
印　　张：13.25
字　　数：220 千字
书　　号：ISBN 978-7-5705-2766-3
定　　价：38.00 元

赣教版图书如有印装质量问题，请向我社调换　电话：0791-86708331
投稿邮箱：TOUGAO_BOOK@126.com　投稿电话：0791-86706210
网址：http://www.jxeph.com
赣版权登字 -02-2021-517
•版权所有　侵权必究•

《家庭农场与乡村振兴》

编写委员会

主　编： 张新春

副主编： 章小朋　易　娜　吴　琼

编　委： 谭昭辉　徐迪新　刘志坚　彭　丹　周李鹏涛
徐协强　皮琛璐

序 言

党的十九大报告提出实施乡村振兴战略。十九届五中全会进一步强调，要全面推进乡村振兴，加快农业农村现代化。这是中共中央着眼于全面建设社会主义现代化国家作出的重大战略决策，是“三农”工作重心的历史性转移，为促进农业全面升级、农村全面进步、农民全面发展提供了重要遵循。

激发小农经济活力、拓展小农经济发展空间、实现小农经济与现代农业的高效衔接，是全面推进乡村振兴、加快农业农村现代化亟待解决的现实问题。作为现阶段适合我国农业生产特点、符合我国农业发展目标的新型农业经营主体——家庭农场，不仅是现代农业的发展主体、主要农产品的供给主体和社会化服务主体，而且还是实现小农户和现代农业有机衔接的重要力量，是全面实施乡村振兴战略的重要载体。

党的十八大以来，习近平总书记多次强调培育家庭农场、农民合作社等新型农业经营主体的重要性，并指出：“要把加快培育新型农业经营主体作为一项重大战略任务。”在以习近平同志为核心的党中央的高度重视下，加快家庭农场发展的政策支持体系日益健全。2013 年中央一号文件首次提出对家庭农场的发展进行重点扶持的政策，提出要“坚持依法自愿有偿原则，引导农村土地承包经营权有序流转，鼓励和支持承包土地向专业大户、家庭农场、农民合作社流转，发展多种形式的适度规模经营”。2014 年，农业部印发《关于促进家庭农场发展的指导意见》。2019 年，中央农办、农业农村部、国家发展改革委等 11 部门和单位联合印发《关于实施家庭农场培育计划的指导意见》，提出要加快培育出一大批规模适度、生产集约、管理先进、效益明显的家庭农场。2020 年，农业农村部印发《新型农业经营主体和服务主体高质量发展规划（2020—2022 年）》。2021 年，《中共中央国务院关于全面推进乡村振兴加快农业农村现代化的意见》指出，要推进现代农业经营体系建设，突出抓好家庭农场等经营主体，实施家庭农场培育计划等。

当前，得益于国家的强农惠农富农政策、逐步健全的政策支持体系、专业部门的指导意见和日益发展的现代化农业机械的有力保障，家庭农场迎来了新机遇，步入了发展快车道，生产经营集约化、组织化、规模化、社会化、产业化水平不断提高，经营效益稳步提升。以江西为例，近年来着力加强家庭农场名录系统管理，不断完善政策机制，加大财政扶持力度，深化示范性家庭农场创建，走出了一条政府引导、市场主导、绿色兴农、共享发展的新路子。截至 2020 年年底，江西纳入名录系统管理的家庭农场达9.2万余家，省级示范家庭农场达1055家，为进一步巩固粮食主产区地位，提高农业质量效益和竞争力，走出一条具有江西特色的乡村全面振兴之路提供了有力支撑。

本书对家庭农场的定义、特征、规划建设、认定申报、经营管理、扶持政策等做了较为详细的介绍和阐述，所涉内容较为全面，可供新型职业农民培训使用，也可作为农场主对家庭农场创建和管理的实践指导。

2021年7月2日

前　言

自改革开放以来，我国确立的以家庭承包经营为基础、统分结合的双层经营体制，极大地调动了农民的积极性，解放了农村生产力，对促进我国农业农村发展发挥了至关重要的作用。然而，在一家一户平均分配土地基础上形成的数量庞大的小规模承包农户，既是生产者，又是消费者，在传统农业阶段有着其生存和发展的普适性，但却不符合现代农业发展的集约化、机械化、生态化、规模化、商品化的内在要求。

作为新型农业经营主体的重要组成部分，家庭农场在农业生产技术、资源优化配置、经营管理等方面具有突出优势，为促进农业适度规模经营和传统农业产业转型升级奠定了基础。2013 年中央一号文件《中共中央　国务院关于加快发展现代农业进一步增强农村发展活力的若干意见》提出，鼓励和支持承包土地向专业大户、家庭农场、农民合作社流转。其中，“家庭农场”的概念是第一次在中央一号文件中出现。2018 年中央一号文件《中共中央　国务院关于实施乡村振兴战略的意见》提出，实施新型农业经营主体培育工程，培育发展家庭农场、合作社、龙头企业、社会化服务组织和农业产业化联合体，发展多种形式适度规模经营。现阶段，家庭农场已经成为将小规模农户纳入农业现代化进程的重要力量，是实施乡村振兴战略的重要载体。因此，在深入实施乡村振兴战略，加快推进农业农村现代化的大背景下，要加快培育发展家庭农场，切实发挥好家庭农场的引领和示范作用。

近年来，江西省积极落实中央关于培育和发展家庭农场的决策部署，不断完善政策机制，持续加强组织领导，培育了一批生产经济效益好、示范带动能力强、助推现代农业发展的示范家庭农场，带动了全省家庭农场的蓬勃发展，并呈现出特色开发、生态开发、综合开发、质量为先的发展特色，呈现出利益联合、共同发展、适度规模的经营模式，以及土地流转逐步向种田能手，懂经营 、有能力的返乡创业者和大学生创业者集中的特点。

本书编写者通过走访江西省 11 个地市数十家家庭农场，了解和掌握了江西省家庭农场发展状况、特色亮点和存在的问题，结合国内家庭农场典型案例，并参照国内专家学者对家庭农场发展提出的观点、论述以及对相关政策的解读，对家庭农场未来发展趋势进行了全面梳理。

本书共 8 章。以全球视野阐述家庭农场的形成与发展，结合国内家庭农场发展的实际情况，力求内容翔实，理论联系实际；用案例的形式解读家庭农场的相关政策与管理模式，以便读者易于理解；以培养高素质家庭农场人才为使命，提出家庭农场人才素质与能力要求；围绕家庭农场创建与管理，以及家庭农场与其他新型农业经营主体的融合发展，阐述现代家庭农场的发展要求等。

本书由江西农业工程职业学院张新春、章小朋、易娜、吴琼、谭昭辉、徐迪新、刘志坚、彭丹等人编写，江西省农业农村厅政策与改革处皮琛璐、徐协强参与了部分章节的编写。本书的编写工作得到了江西省农业农村厅政策与改革处的大力支持，提供了大量资料，并在调研中给予了极大的帮助。

本书既可作为新型职业农民培训教材，又可作为有志于从事农业农村创业的大学生的参考教材。由于编者水平有限，书中难免存在不妥之处，敬请广大读者批评指正。

目 录

第一章 家庭农场概述

当前，我国农业农村发展进入新阶段。面对农业兼业化、农村空心化、农民老龄化现象，需要解决“谁来种地”“如何种好地”的问题，亟须加快构建新型农业经营体系。家庭农场作为新型农业经营主体之一，保留了农户家庭经营的内核，坚持了家庭经营在农业中的基础性地位，适合我国基本国情农情，符合农业生产特点，契合经济社会发展现况，是农户家庭承包经营的“升级版”，已成为引领适度规模经营、发展现代农业的有生力量。

第一节 家庭农场的形成与发展

家庭农场，起源于欧美。在国外，家庭农场经营模式早已存在，在发达国家广为流行。美国的家庭农场已有200多年的历史，荷兰早在19世纪就形成了专业化的家庭农场，日本在20世纪之初就已经有了为数不少的规模较大的家庭农场。近几年，我国的家庭农场经营快速发展，显示出旺盛的生命力，已成为农村经济发展的一大亮点。在我国，2013年“家庭农场”的概念首次在中央一号文件中出现。透过中央一号文件对“家庭农场”的鼓励和支持态度，我们看到了一条农业农村改革的新路径，一条充满着阳光和希望的新路径。这就迫切需要我们对家庭农场进行系统的研究，从而保证我国农业的健康发展。

一、外国家庭农场的形成与发展

在建国之初，美国就确定了家庭农场制度，现在的美国农业已经是发达的现代农业，家庭农场是美国农业经济的主体和基本支撑力量，推动着美国农业经济不断向更高层次发展。日本是人多地少的国家，其家庭农场模式是以小型家庭农场为主，且以兼业农户为主。

1. 美国　作为最早发展家庭农场的国家之一，美国农业经营形式主要包括家庭农场、合伙农场和公司农场，其中家庭农场是主要的农业生产经营方式，占 80% 以上。地广人稀的美国，用仅占全美人口 1.8% 的农业劳动力养活 3 亿多人，成为世界最大的农业出口国。

美国农业部将主要经营者以及与其有血缘关系、婚姻关系或收养关系的其他成员，拥有农场 50% 以上的业务，即可认定为家庭农场。美国家庭农场按农场年均销售收入来划分，分为小型家庭农场和大规模家庭农场：年收入 25 万美元以下为小型家庭农场，年收入 25 万美元及以上的为大规模家庭农场。大规模家庭农场又可分为大型和超大型两类，年销售收入分别为 25 万 ~50 万美元、50 万美元及以上。大多数家庭农场都属于大规模家庭农场。

美国家庭农场不仅规模大，而且科技水平较高，生产经营高度专业化，主要特征表现在五个方面：

（1）以市场为导向，自主决策。家庭农场主要采用订单式生产，销量决定产量。同时，坚持效益最大化原则，严格控制生产成本，依靠市场实现利润最大化。农场土地产权清晰，农场主对农场具有自主支配权，可根据市场需求的变化而改变生产及经营管理方式。

（2）多种工具防控风险。通过合同制经营、利用期货市场套期保值、投保保险公司、兼职经营等方式，转移部分风险，进而有效地规避和防控风险。农场主可根据农场当年实际情况，通过签订合同将某一生产经营活动环节承包给其他公司、合作社等农业服务部门，在既得利益得到保障的前提下，合理转移风险。

（3）生产区域专业化。一个生产区域根据自然条件及环境来选择只生产一种或两种农产品，区域专业化分工明确。主要农业生产区域包括以小麦生产为主的北部平原，以玉米生产为主的中部平原，以畜牧业为主的南部平原、西部山区，以果蔬生产为主的太平洋沿岸，以乳制品生产为主的五大湖地区。通过合理利用自然资源、气候条件等，各区域形成专业化生产带，从而提高农业生产力。

（4）生产高度科技化与机械化。依托本国高科技水平，农业科技运用较为成熟，生产机械化水平处于世界领先地位。家庭农场无论规模大小都会使用小型现代化农业生产工具，80% 的家庭农场将全球定位系统、物联网、生物技术等高新技术与收割机、播种机、拖拉机等传统的机械设备良好对接，实现了农业生产的智能化管理，极大地促进了家庭农场生产的信息化、机械化水平，更加有利于家庭农场的高效经营，从而提高了农业生产效率。

（5）农产品高度商品化。农产品商品化是指将产品投入到市场上进行销售，同时农场所需要的产品也来源于市场。美国家庭农场生产的农产品以销售为最终目的，商品化程度较高。

2. 日本　根据 2005 年《日本农林普查》的规定，农场是指直接或者基于合同从事农业生产的组织，包括家庭农场、独立农场和公司农场三类。日本的家庭农场需要满足下列条件之一：一是经营 4.5 亩以上的耕地，二是种养面积、饲养或交付家畜的数量等于或大于预先确定的标准（例如：2.25 亩以上的户外蔬菜种植面积、350 立方米的蔬菜种植设施、1 头奶牛），三是基于合同接受农场工作。由于日本人多地少，农用土地面积有限，农业自然资源较为稀缺，精耕细作是农业生产的主要方式，形成了以小规模家庭农场为特征的农业经营方式。通过扩大农户经营规模、提升土地生产率等途径，农业由传统分散经营的小农经济向集约化、适度规模化的现代农业转变。从发展历史进程来看，从 1930 年至今，农户总数量呈现“基本稳定—明显上升—快速下降—平稳下降”的趋势。

日本家庭农场具有以下特征：

（1）适度的经营规模与较高的科技生产水平。据 2014 年数据显示，日本耕地面积 6777 万亩，人均耕地 0.6 亩。由于农业土地面积有限，家庭农场必须采取适度的经营规模。依托国内科学技术的发展，农业现代化生产水平不断提升，各种农业高新技术普及，有机农业、绿色农业等新农业模式较好地缓解了人地矛盾。

（2）土地所有权和使用权分离。20 世纪 60~70 年代，日本政府出台了有关农地改革与调整的法律法规，鼓励农地所有权与使用权分离，实行农田租赁和作业委托等形式的协作生产，此次改革有效避免了土地分散带来的发展阻碍。截至2013年12月，日本大部分地区成立了农地流转中介组织，农民只需花较少的费用便可向中介组织提出扩大耕地的申请，并保证其较长时间的使用权。

（3）政府及法律支持。在发展资金方面，日本政府除了提供无息贷款、延长贷款偿还时间，还对扩大的土地提供直接补贴。对于不满45岁的务农人员，政府提供最低工资。在法律方面，日本政府通过出台《农业法》《农地基本法》等法律，推动土地改革，让农民有地可种，并扩大耕地规模，实行规模经营。大力发展农业协同组织，为家庭农场提供基础性服务。

（4）注重品牌建设。由于经营规模的限制，规模化生产较难实现，提高产品质量、提高品牌知名度成为主要发展途径。大部分农场主利用自身资源优势，生产和发展具有本地特色的优质农产品，发展品牌化农业，提高产品知名度。

（5）完善的社会化服务体系。在政府的支持下，农民合作组织蓬勃发展，日本农业协同组合（以下简称“农协”）成为日本农业发展中重要的组成部分。农协在全国范围内形成了较为系统的农协网络，在生产、销售、采购、技术指导等方面，与农户形成了较为紧密的联系，在保护农民利益和推动农业现代化发展中发挥了重要作用。

二、我国家庭农场的发展历程

在我国，家庭农场的概念最早出现于20世纪80年代初期，是伴随着家庭承包经营和农业适度规模经营的发展而出现的，是农户家庭组织的一种高级形式。20世纪80~90年代的家庭农场多是地方政府及农户根据当地农业及经济发展环境自发形成的，在定义上还比较模糊，相应的支持政策也比较少。真正将家庭农场的概念引入中央文件，制定相关政策规范和支持其发展则是在党的十七届三中全会以后。根据家庭农场的发展特点，可将其发展历程划分为三个时期：

1.20世纪80年代——家庭农场的探索时期 20世纪80年代中后期，为解决家庭分散生产和土地分散经营的缺陷，在坚持土地所有权不变的前提下，我国对土地使用权的制度安排进行了大胆的探索与实践，家庭农场作为农地规模经营的一种探索形式逐步发展起来。这一时期家庭农场的发展特点：一是所经营土地多数是从集体承包过来的。由于农户之间的土地流转还不普遍，兴办家庭农场的农户直接从集体承包土地；二是经营规模较大，农产品的产出率和商品率较高；三是以家庭劳动力为主。这一时期家庭农场的劳动力一般都比较多，有的在农忙季节也雇请一些帮手或短工。

2.20 世纪 90 年代——家庭农场的加速发展时期　随着粮食购销体制的放开，农业逐步被推向市场，小农户与大市场之间的矛盾逐渐显现。1990 年 3 月，邓小平提出了“两个飞跃”。在此基础上，中央强调在有条件的地方逐步推行土地规模经营，各地也加快了对农地规模经营方式的探索，家庭农场的发展也更为迅速。这一时期家庭农场的特征：一是数量迅速增多；二是土地流转主要通过集体把农地使用权从分散的农户手里集聚起来，然后承包给种田大户，农户自主有偿流转土地的形式逐渐增多；三是经济效益、社会效益与一般农户家庭经营相比具有更加明显的优势。

3.2008 年至今——家庭农场的规范发展时期　家庭农场作为一种农业经营主体首次出现在中央文件上是在 2008 年党的十七届三中全会上。自 2010 年以来，家庭农场开始在我国的上海松江、浙江宁波、吉林延边、安徽郎溪、湖北武汉等地试点，并繁荣发展起来。无论是家庭农场的数量、经营规模，还是经营绩效，都取得了可喜的成绩。

党的十八大以来，习近平总书记多次作出重要指示，为家庭农场发展指明方向。在 2013 年中央一号文件中，家庭农场被作为新型农业经营主体提出，引起了社会广泛的关注。2013 年 3 月，农业部首次对全国家庭农场发展情况的统计调查显示，我国家庭农场已经表现出了较高的专业化和规模化水平。党的十八届三中全会强调，鼓励土地承包经营权在公开市场上向专业大户、家庭农场、农民合作社、农业企业流转。2013 年 12 月，习近平总书记在《坚持和完善农村基本经营制度》一文中指出“这些年，在创新农业经营体系方面，广大农民在实践中创造了多种多样的新形式，如专业大户、家庭农场、专业合作、股份合作、农业产业化经营等。”“家庭承包、专业大户经营，家庭承包、家庭农场经营，家庭承包、集体经营，家庭承包、合作经营，家庭承包、企业经营，是农村基本经营制度新的实现形式。”

2014 年中央一号文件明确提出，家庭农场按照自愿原则进行登记。2014 年 2 月

24 日，《关于促进家庭农场发展的指导意见》指出，家庭农场已成为引领适度规模经营、发展现代农业的有生力量。2014 年 11 月 20 日，中共中央办公厅、国务院办公厅印发《关于引导农村土地经营权有序流转发展农业适度规模经营的意见》，一方面明确了家庭农场的概念，并通过建立示范农场名录，健全管理服务制度；另一方面确立了家庭农场在土地经营权流转中优先于农民专业合作社和农业企业的地位。

2015 年中央一号文件明确提出“鼓励发展规模适度的农户家庭农场”。

2016 年 4 月，习近平总书记《在农村改革座谈会上的讲话》中指出，加快构建新型农业经营体系，推动家庭经营、集体经营、合作经营、企业经营共同发展，提高农业经营集约化、规模化、组织化、社会化、产业化水平。

2017 年 5 月，中共中央办公厅、国务院办公厅印发《关于加快构建政策体系培育新型农业经营主体的意见》，明确提出发挥政策对新型农业经营主体发展的引导作用，建立健全支持新型农业经营主体发展政策体系，健全政策落实机制。

2018 年 9 月，习近平总书记《在十九届中央政治局第八次集体学习时的讲话》中指出，当前和今后一个时期，要突出抓好农民合作社和家庭农场两类农业经营主体发展，赋予双层经营体制新的内涵，不断提高农业经营效率。

2019 年 3 月，习近平总书记在参加十三届全国人大二次会议河南代表团审议时的讲话中指出，突出抓好家庭农场和农民合作社两类农业经营主体发展，支持小农户和现代农业发展有机衔接。

2019 年 9 月，促进家庭农场和农民合作社高质量发展工作推进会在河北邢台召开，胡春华副总理出席会议并作重要讲话。胡春华副总理强调，要深入贯彻习近平总书记重要指示精神，落实李克强总理批示要求，加大对家庭农场和农民合作社扶持力度，增强发展活力和服务带动能力，为加快农业农村现代化提供有力支撑。胡春华副总理指出，当前我国农业生产正在发生历史性变化，家庭农场和农民合作社引领现代农业发展的作用日益凸显。要将家庭农场作为现代农业的主要经营方式，鼓励不同地区、不同产业探索多种发展路径，提高现代化管理水平和经营效益。2019 年 9 月，中央农办、农业农村部等 11 部门和单位联合印发《关于实施家庭农场培育计划的指导意见》（以下简称《指导意见》），针对我国家庭农场仍处于起步发展阶段，发展质量不高、带动能力不强，还面临政策体系不健全、管理制度不规范、服务体系不完善等问题提出相关意见。《指导意见》提出的目标是，到 2020 年，支持家庭农场发展的政策体系基本建立，管理制度更加健全，指导服务机制逐步完善，家庭农场数量稳步提升，经营管理更加规范，经营产业更加多元，发展模式更加多样。到 2022 年，支持家庭农场发展的政策体系和管理制度进一步完善，家庭农场生产经营能力和带动能力得到巩固提升。《指导意见》强调要完善登记和名录管理制度，加强示范家庭农场创建和开展家庭农场示范县创建；要建立健全政策支持体系，依法保障家庭农场土地经营权，支持家庭农场开展基础设施建设，发展面向家庭农场的社会化服务，对家庭农场经营者开展轮训；要强化用地保障，完善和落实财政税收政策，加强金融保险服务。

2020 年 3 月 9 日，农业农村部印发《新型农业经营主体和服务主体高质量发展规划（2020—2022 年）》，对家庭农场的高质量发展作出了具体规划。

2020 年中央一号文件提出要发展富民乡村产业。支持各地立足资源优势打造各具特色的农业全产业链，建立健全农民分享产业链增值收益机制，形成有竞争力的产业集群，推动农村一二三产业融合发展。重点培育家庭农场、农民合作社等新型农业经营主体，培育农业产业化联合体，通过订单农业、入股分红、托管服务等方式，将小农户融入农业产业链。鼓励商业银行发行“三农”、小微企业等专项金融债券。落实农户小额贷款税收优惠政策。符合条件的家庭农场等新型农业经营主体可按规定享受现行小微企业相关贷款税收减免政策。

第二节　家庭农场的发展特点与发展模式

在中国，家庭农场已被确定为最重要的新型农业经营主体之一，各地发展模式趋于多元化。近年来，国内家庭农场逐渐形成以上海松江、安徽郎溪、湖北武汉等地为主要试点的格局。

一、家庭农场的发展特点

因参照系的不同，世界各国的家庭农场均有不同的解释和特点。尽管家庭农场至今尚无统一定义，但其通常具备“家庭经营、规模适度、一业为主、集约生产”的特征。

（一）外国家庭农场的发展特点

美国家庭农场的特点：第一，能够生产及销售农产品，且农产品的数量销售必须超出本社区的范围，要得到本社区的认可；第二，能够获得足够的收入，以用来支付家庭及农场运行的成本，包括生产成本、维持不动产的费用等；第三，主要劳动力来源是农场主及家庭成员；第四，家庭农场主需要负责农场生产、销售等方面的决策及管理的全过程；第五，可以按季节雇佣工人或长期稳定地雇佣工人。在俄罗斯，家庭农场是享有法人权利的独立生产经营主体，它可由农民个人及其家庭成员组成，利用终身占有或继承的土地和资产，进行农业生产、加工和销售。日本的家庭农场有农户与农业经营体的划分。农业经营体是指直接或接受委托从事农业生产与农业服务，且经营面积或金额达到一定规模的农业经济组织。按照组织属性农业经营体可分为家庭经营体和组织经营体（法人），家庭经营体与现代家庭农场相似。

（二）我国家庭农场的发展特点

农业农村部将我国的家庭农场解释为以家庭成员为主要劳动力，从事农业规模化、集约化、商品化生产经营，并以农业收入为家庭主要收入来源的新型农业经营主体。农业农村部为家庭农场标准列出了五个条件：农场经营者应具有农村户籍，以家庭成员为主要劳动力，家庭以农业收入为主，经营规模达到一定标准并相对稳定，从事粮食作物生产者，承包期在 5 年以上的土地经营面积要达到 50~100 亩。从事经济作物、养殖业或种养结合经营者，要达到当地县级以上农业农村部门规定的规模标准。

1. 确立家庭经营的主体地位　家庭农场必须要保证家庭经营在其整个生产经营过程的主导性，家庭农场主与家庭成员是主要的劳动力。家庭农场主与家庭成员除了参与日常性的生产劳动之外，主要是参与家庭农场的经营、管理工作，在经营管理中享有决策权。在必要的时候，家庭农场可以雇工，但雇工的作用应该是辅助性的，不占主导地位。雇工数量的多少，应该与劳动力成本、生产类型、机械化水平、社会化服务等因素相关，农场主可以自行决定。

2. 经营规模适度　家庭农场经营规模至少要达到当地的最低规模标准，但也不是没有上限，其上限就是不能超出家庭农场主及家庭成员的劳动能力和决策能力，且这个生产规模需要保证家庭农场获得的农业收入不低于当地城镇居民的家庭年收入，能够与普通农户经营相区别。

3. 生产过程必须是以市场为导向　家庭农场从事的生产经营活动不是为了自给自足，而是要面向市场，通过生产活动的组织及产品的销售来获得利润最大化。无论家庭农场是以什么形式登记注册，其必然是一个自负盈亏的经济实体，以家庭为基本的核算单位。

4. 具有企业契约性质　家庭农场属于由农民家庭经营的小微型农业企业，经营主体、经营手段和经营目标等具有明显的企业性质，可自主到工商行政管理部门登记注册取得合法资格，但它又不同于一般意义上的企业。我国的家庭农场是建立在家庭联产承包责任制这一基础制度上的次级制度创新，生产经营方式上客观存在着村集体、普通农户、家庭农场经营者等多方产权关系，家庭农场的土地大部分要通过土地流转而来，故土地所有权制度的差异决定了家庭农场的发展在我国具有其特殊性。本质上，家庭农场是在农户农地产权契约联结的基础上，引入现代企业制度，实行农业企业化经营的组织。契约治理形式的选择对于家庭农场经营者的行为具有很强的激励与约束作用。

5. 公共产品特征　从社会责任的角度而言，家庭农场的发展至少要承担三个社会责任：一是粮食安全和农产品的稳定供给，二是农产品的质量安全，三是农业的可持续发展。家庭农场的生产经营活动具有公益性质，家庭农场的提出与培育也是基于我国当前农业日益边缘化、农民种粮积极性不高、农业资源污染加剧等现实情况。要实现这些目标必须得培育家庭农场等新型农业经营主体，让愿意种粮的人能够扩大耕种规模，在保障粮食安全和农业环境可持续的基础上从种粮中得到较好的收益。在某种程度上，家庭农场的公共产品属性，需要政府、农民家庭、民间组织等协力合作不断创新，构建对家庭农场的各层级支持服务体系。

二、我国家庭农场的发展模式

在我国家庭农场发展过程中，出现了上海松江、浙江宁波、吉林延边、安徽郎溪等实践模式。可以看出，这些地区绝大多数集中在长三角地区，这是因为农村剩余人口是家庭农场发展的前提条件，长三角地区经济发达，城镇化进程快，大量农村剩余劳动力向城市转移，为家庭农场发展创造了有利的条件，但这其中的推动力又各有不同。上海松江家庭农场是上海市高度城市化和后工业化的产物。浙江宁波家庭农场是由宁波地区活跃的民营经济带来的农业劳动人口转移所催生的。而苏南地区通过发展乡镇企业实现非农化发展，为该地区家庭农场发展创造了良好的条件。吉林延边通过发展劳务经济实现了农业人口转移，从而推动家庭农场发展。安徽郎溪则是传统农业地区创新农业生产经营体制，发展家庭农场的代表。这些地区的家庭农场发展又各具特色。上海松江家庭农场依托上海市发展都市近郊现代农业。浙江宁波家庭农场商业气息浓厚，农场公司化特征明显。苏南地区家庭农场则以常熟市田娘农场“公司 + 家庭农场 + 专业合作社”的运作模式引人注目。吉林延边州金融对家庭农场的大力支持也是其家庭农场发展的一个亮点。而安徽郎溪家庭农场通过成立家庭农场协会和家庭农场合作社，提高了家庭农场组织化程度和整体竞争力。

对于家庭农场发展中出现的土地流转困难、承包期短等问题，上海松江模式、吉林延边模式给出了解决方法。松江模式是建立规范统一的土地流转方式，基于依法、自愿、有偿的原则，由村委会统一流转承包土地，家庭农场主由民主选拔产生，扶持农民走专业化道路，实行种植业和养殖业结合，家庭农场实现农业机械化，延长家庭农场的承包期限。延边模式是在土地流转中产生融资新模式，为解决融资问题，从2012年起实行以土地收益保证贷款的融资模式，将土地承包经营权转让给公益性平台公司，该公司再把土地转包给需要经营的家庭农场主，提供共同偿还借款的承诺，金融机构则向家庭农场主提供一定利率的贷款。这一新的融资模式施行后，大多家庭农场贷款已经采用了该模式，反响良好。

对于家庭农场发展的资金问题，浙江慈溪模式提出了成立基金、政策扶持、涉农协会对接等引导家庭农场发展的解决方法。自2004年开始，慈溪市设立了“中小农场发展基金”，在每年财政补贴1亿多元中，有五分之二的资金用于家庭农场的产业扶持，整合涉农项目资金千万元，为大学生农村创业、就业提供补助政策。构建面向家庭农场的政策支撑体系，涉及从家庭农场的认定、注册，到家庭农场的技术和资金支持，以及标准化管理等方面。涉农协会积极与多家银行接洽，每年有多次的家庭农场与银行的“银农对接会”，由协会或会员担保，提供家庭农场专项贷款产品。

家庭农场具有家庭经营的基本特点。武汉市着重于家庭农场的适度规模发展，在种植业的产业规划、流转土地期限、种植面积、机械化程度等方面制定了具体要求，例如 10 年以上期限的流转土地、60% 以上的机械化程度、标准化生产。

作为新型农业经营主体之一的家庭农场，解决了“谁来种地”的问题，实现了农村生产的规模经营、产业化和现代化发展。家庭农场与合作社结合的模式，提高了家庭农场的组织化程度，形成家庭农场的利益共同体，是基于现行分散家庭经营制度基础上的合作制度创新。实践中，“家庭农场 + 合作社”模式又衍生出与公司、超市、直销（社区）、合作社自办加工企业等多种组织形式的衔接，具有家庭经营、适度规模、专业生产、产业经营等特征。

随着互联网的发展，农业生产经营模式也发生了变化，给家庭农场带来了机遇和挑战。互联网与农业生产的结合，促进了家庭农场的农产品生产管理在线化、数据化和信息化，降低了生产成本，提高了农产品质量，适应了市场的要求。生产管理中可以记录种植、灌溉、施肥等生产活动信息，实时监管农场的土壤、温度情况，防治病虫害，有力推动施肥、喷药、灌溉等标准化的农作物生产。农业技术服务中，可以通过网络的农技知识库、专家库、诊断系统等平台来获取知识并指导生产。

互联网与品牌的结合可以提高家庭农场的市场竞争力。品牌产品由于口碑好、外观美、服务质量高而受到消费者欢迎。家庭农场的规模化经营产品量大、稳定供应，有利于形成良好的品牌。家庭农场提高品牌意识，对产品进行个性化包装和合理的定位，可创建具有鲜明特征和地域特色的品牌形象，借助电商平台，推广并销售品牌农产品，提高品牌知名度和产品市场综合实力。另外，市场易于接受品牌产品，便于消费者和销售商了解农产品的生产信息，更积极地销售、推广家庭农场的产品，建立稳定的、规模化的销售商渠道，获取规模效益。

互联网与销售的结合拓展了家庭农场的销售和推广渠道。家庭农场的规模经营和专业生产，改变了农产品销售过程，使农产品通过网络商务平台交流、沟通完成交易，减少了传统的批发和零售等中间环节。家庭农场的农产品直接与消费者、超市接洽，开拓出一种现代农业产品的供销途径。家庭农场应把握网络供销平台快速发展壮大，完成将农产品直接与消费者联系的“最后一公里”，根据市场需求及时调整农产品的定位，为提高农产品质量增加冷冻、冷藏等保鲜措施，保障农产品的采收、储存、运输等环节的安全，以互联网数据说明产品质量和供应能力，成长为合格的现代农业的新型供应商。

第二章
家庭农场政策解读

目前，全国家庭农场呈现良好发展态势。家庭农场处在成长的关键期，同时也遇到了前所未有的困难。一方面，由于市场竞争，大宗农产品价格下行，生产成本刚性上涨，经营主体收入下降，经营主体负担较重；另一方面由于农业基础设施“欠账多”，靠经营主体自身投入难以承担，特别是信贷保险、设施用地、人才引进等方面面临的问题更为突出。因此，加大对家庭农场等新型农业经营主体的政策扶持十分必要。另外，有的家庭农场存在带农助农能力不够强，与农民的利益联结不够紧，自身运作不够规范等问题，需要正确引导。

第一节　家庭农场用地政策解读

新中国成立70年来，中国共产党不断根据形势变化和社会主义建设与改革的要求，适时调整、改革和完善农村土地政策，从初期的“农民个体所有，家庭自主经营”到农业合作化时期的“劳动群众集体所有，集体统一经营”；从改革开放初期的“两权分离”到新时代的“三权分置”。党对农村土地政策的适时调整与改革，适应了农村生产力发展的要求，维护了广大农民的利益，推进了农业经济的发展，确保了农村社会的稳定。

一、家庭农场土地流转政策及其新变化

土地经营权流转应当坚持农村土地农民集体所有、农户家庭承包经营的基本制度，保持农村土地承包关系稳定并长久不变，遵循依法、自愿、有偿原则，任何组织和个人不得强迫或者阻碍承包方流转土地经营权。土地经营权流转不得损害农村集体经济组织和利害关系人的合法权益，不得破坏农业综合生产能力和农业生态环境，不得改变承包土地的所有权性质及其农业用途，确保农地农用，优先用于粮食生产，制止耕地“非农化”，防止耕地“非粮化”。土地经营权流转应当因地制宜、循序渐进，把握好流转、集中、规模经营的度，流转规模应当与城镇化进程和农村劳动力转移规模相适应，与农业科技进步和生产手段改进程度相适应，与农业社会化服务水平提高相适应，鼓励各地建立多种形式的土地经营权流转风险防范和保障机制。

2014 年，中共中央办公厅、国务院办公厅印发《关于引导农村土地经营权有序流转，发展农业适度规模经营的意见》，2015 年，农业部、中央农办、国土资源部、国家工商行政管理总局印发《关于加强对工商资本租赁农地监管和风险防范的意见》，2018 年，第十三届全国人大常委会第七次会议表决通过新修改的《中华人民共和国农村土地承包法》（以下简称《农村土地承包法》。这些政策法律确立了农村承包地“三权分置”框架，规范了农村土地经营权流转，赋予土地经营权融资担保等权限，并要求建立工商企业等社会资本流转土地经营权准入监管制度。

从农业农村发展的新情况看，2005 年出台的《农村土地承包经营权流转管理办法》，许多条款已不适应新的形势和法律政策要求，需要及时修改。农业农村部有关负责人介绍，2019 年以来，农业农村部组织有关部门对其进行修订，并广泛征求了社会各界意见，根据各方反馈意见作了进一步完善。

本次修订对流转范围进行了界定，聚焦于土地经营权流转，流转方式包括出租、入股等，将规章名称由《农村土地承包经营权流转管理办法》修改为《农村土地经营权流转管理办法》（以下简称《管理办法》）。

《管理办法》立足新形势新实践新要求，延续了中央一贯的政策基调，遵循了《农村土地承包法》的立法精神。

（1）落实“三权分置”制度，采用了新名称。按照集体所有权、农户承包权、土地经营权分置并行要求，在依法保护集体所有权和农户承包权的前提下，主要就平等

保护经营主体依流转合同取得的土地经营权，增加了一些具体规定，使土地资源得到更有效的合理利用。

（2）贯彻加强监督管理要求，作出了新的规定。落实《农村土地承包法》要求，《管理办法》明确了对社会资本通过流转取得土地经营权的审查审核具体规定，以及建立风险保障制度的要求，以更好地保障流转双方合法权益。

（3）分级审查审核、严防耕地“非粮化”“非农化”。当前，我国仍处于工业化、城镇化快速发展时期，保护耕地的压力越来越大，保障国家粮食安全的任务越来越艰巨。《管理办法》中强化了耕地保护和促进粮食生产的内容。

一方面，严格防止耕地“非粮化”，明确土地经营权流转要确保农地农用，优先用于粮食生产，要将经营项目是否符合粮食生产等产业规划作为审查审核的重点内容，各级农业农村部门要加强服务，鼓励受让方发展粮食生产。

另一方面，坚决制止耕地“非农化”，明确土地经营权流转的受让方应当依照有关法律法规保护土地，禁止改变土地的农业用途；禁止闲置、荒芜耕地，禁止占用耕地建窑、建坟或者擅自在耕地上建房、挖沙、采石、采矿、取土等；禁止占用永久基本农田发展林果业和挖塘养鱼。

《农村土地承包法》明确要求，建立工商企业等社会资本通过流转取得土地经营权的资格审查、项目审核和风险防范制度。

二、家庭农场设施农业用地政策新变化

在原有设施农业用地管理方式、使用耕地和用地程序等支持政策基础上，《关于设施农业用地管理有关问题的通知》（以下简称《通知》），在用地划分、使用永久基本农田范围、用地规模、用地取得等方面进一步改进突破。改进后的政策规定，归纳起来，有五个突出的特征：

（1）设施农业用地纳入农业内部结构调整范围。考虑到设施农业是从事农产品生产的特点，有别于公路、铁路等基础设施用地，因此，明确设施农业包括作物种植设施（含规模化大田种植配建的设施）和畜禽水产养殖设施，可以使用一般耕地，不需办理建设用地审批手续，不需落实耕地占补平衡。

（2）对一些设施使用永久基本农田作出规定。考虑到兴建设施有利于提高农业生产力，因此，对于作物种植中一些设施建设破坏耕地耕作层，但由于位置关系难以避让永久基本农田的，养殖设施中涉及少量永久基本农田确实难以避让的，在补划同等数量、质量永久基本农田的前提下，允许使用永久基本农田，同时也确保永久基本农田不减少。

（3）用地规模实行差别化政策。全国各地、各类设施农业用地差异较大，国家层面不再对各类设施农业用地规模作出统一规定，由各省（区、市）自然资源主管部门会同农业农村主管部门根据生产规模和建设标准合理确定设施用地规模。需要强调的是，为了巩固“大棚房”问题专项清理整治成果，保持政策衔接，《通知》明确看护房执行“大棚房”问题专项清理整治整改标准，即南方地区控制在单层 15 平方米以内，北方地区控制在单层 22.5 平方米以内，其中严寒地区控制在单层 30 平方米以内（占地面积超过 2 亩的农业大棚，其看护房控制在单层 40 平方米以内）。

（4）允许养殖设施建设多层建筑。近年来，一些地方出现建设多层建筑从事养殖生产的情况，从节约资源、集约经营角度出发，《通知》明确养殖设施允许建设多层建筑。但各地在实施中，建多层养殖设施一定要注意符合相关规划、建设安全和生物防疫等方面的要求。

（5）简化用地取得方式。设施农业用地不需要审批，设施农业经营者与农村集体经济组织就用地事宜协商一致后即可动工建设，由农村集体经济组织或经营者向乡镇政府备案，乡镇政府定期汇总情况后汇交至县级自然资源主管部门。当然，涉及使用并补划永久基本农田的，须经县级自然资源主管部门同意后方可动工建设。始终坚持严格的永久基本农田保护制度。

三、家庭农场用地失败案例分析

1. 对家庭农场土地流转政策不了解导致用地失败的案例

案例一：没“把”的口头合同

黄某全家外出打工后，承包地交由村中一个远房亲戚于某所办的家庭农场代管。因为双方是亲属关系，所以没有签订书面合同。后来黄某要收回土地，转包给村里的种粮大户蒋某。于某以土地已“转让”为由，不同意退还接手经营的土地。是“转让”，还是“代管”？因无书面合同，双方各执一词。

口头合同“没抓手”，有关部门解决起来难度很大。

解读：《合同法》第十条规定，当事人订立合同，有书面形式、口头形式和其他形式。法律、行政法规规定采用书面形式的，应当采用书面形式。《农村土地承包法》第三十七条规定，土地承包经营权采取转包、出租、互换、转让或者其他方式流转，当事人双方应当签订书面合同。“土地流转”这类事关农民切实利益的重大事项，属于法律规定的应当采用书面形式签合同的范围。

案例二：“价款不清”的书面协议

张某外出打工后，把承包的土地转包给了自己的表哥胡某。张某和胡某是亲戚，双方虽求人写了一份协议，可协议中只有双方当事人的姓名、住所，流转土地的名称、坐落地、面积，流转的期限和起止日期，流转土地的用途等，却忘了写“流转价款”。双方当时都没有留意，事后发觉，也都没好意思提出“补订”。后来张某回来结账，当地外包土地价款为每亩300~500元。究竟每亩是按300元还是500元，双方为此闹翻了脸，闹上了法庭。另外良种补贴、农资补贴、柴油补贴等各种补贴，都被胡某领走了。

解读：“流转价款及支付方式”是《农村土地承包法》在第三十七条中规定的采取转包、出租、互换、转让或者其他方式流转土地经营权，书面合同的必备条款。根据《合同法》第六十一条、六十二条规定，合同生效后，当事人就价款等内容没有约定或者约定不明确的，可以协议补充；不能达成补充协议的，可按照订立合同时履行地的市场价格履行。就“流转价款及支付方式”，法院可根据实际情况，按土地的等级，在每亩300~500元的价款中裁决。

案例三：“期限不明”的书面合同

姜某外出打工，把承包的土地租给了村里的集体农场，双方签订了合同，明确了“租金”的具体数额等内容，可租期规定不具体，只写“长期”。姜某在外打工5年，因为无文化、无技术，一直没找到固定的工作，从城里又回到农村，要种自己的地。

可农场不同意退给他，说租期没到。姜某认为，5 年时间不短，可算为“长期”，自己可以把土地收回。

解读:《合同法》第六十二条规定，履行期限不明确的，债务人可以随时履行，债权人也可以随时要求履行，但应当给对方必要的准备时间。“流转的起止时间”，也是《农村土地承包法》在第三十七条中规定的采取转包、出租、互换、转让或者其他方式流转土地经营权，书面合同的必备条款。流转期限不明，可以按《合同法》第六十二条的上述规定办理。姜某收回土地的请求应当得到法律的支持。

案例四：无权利人同意的“代理文书”

颜某携妻带子进城打工，土地交由其伯父代管。由于在外面打工很辛苦，且高龄的父母需要颜某照顾，于是他就返乡了。可回家发现，村主任为了给自己亲属吴某办的家庭农场扩容，未经颜某或家人的同意，竟代他和吴某签订了土地转让协议，将颜某的土地经营权转给了吴某，且转让价格也不能令人满意。

解读:《合同法》第三百九十六条规定，委托合同是委托人和受托人约定，由受托人处理委托人事务的合同。《农村土地承包法》第九条、第三十四条规定，国家保护集体土地所有者的合法权益，保护承包方的土地承包经营权，任何组织和个人不得侵犯。土地承包经营权流转的主体是承包方。承包方有权依法自主决定土地承包经营权是否流转和流转的方式。土地承包经营权流转应当遵循平等协商、自愿、有偿，任何组织和个人不得强迫或者阻碍承包方进行土地承包经营权流转。村主任未经颜某同意，代替颜某与吴某签订的转让颜某土地的协议是违法的。

2. 对家庭农场设施农业用地政策不了解导致用地失败的案例

案例五：租农用地建“家庭农场”违反法律导致合同无效

魏某等人从某农业公司租赁大棚用于“家庭农场”的修建，后因政府加强土地管理，严禁改建、扩建大棚用于生活居住，大棚内外的附属设施被强制拆除。因协商无果，魏某等人将农业公司诉至法院。法院审结了这起案件。

魏某等人诉称，因农业公司宣称城镇居民可到农村承包棚户兴建“家庭农场”，其于 2012 年租赁了大棚并开始施工。事实上，农业公司隐瞒了政府曾下发过要求大棚只能用于种植的通知，以及原来在大棚内修建的设施曾被拆除过的事实，致使其在不知情的情况下建好了设施又被强制拆除。现在，“家庭农场”计划已经无法实施并造成了巨大的经济损失，故其于2015年起诉到法院，要求终止租赁合同，农业公司返还承包费并赔偿损失共计30余万元。

农业公司则辩称，其始终不允许改建、扩建等改变大棚用途的行为。魏某等人称农业公司在大棚内进行过相关建设并且允许租户进行改建的主张并没有证据支持。因此，大棚内设施被拆除的后果，是由魏某等人擅自进行违法建设导致的，农业公司不应承担责任。

一审法院认为，双方的《承包合同》名为租赁农业大棚，实则是将土地用于建房进行商业经营，属于以合法形式掩盖非法目的，因而违反了法律禁止改变土地用途的强制性规定，应属无效。故农业公司应退还魏某等人剩余的“承包费”24万余元。农业公司不服，上诉至中级人民法院。

在一审认定的事实基础上，中级人民法院另查明：2013年5月，农业公司曾向魏某等人发过公开信，宣传大棚在装修改建后可用于不定期居住生活。2013年6月，魏某等人与某园林绿化公司签订园建及绿化工程合同。2014年8月，政府要求设施农业只能用于农业种植，不得存放生活设施，不得有任何生活居住功能。在大棚附属设施被拆除后，魏某等人申请行政复议被驳回。

中级法院审理后认为，根据另查明的事实可以认定，农业公司确实宣传过大棚可用于居住生活，且对魏某等人订立《承包合同》产生重大影响，所以该宣传应当视为合同的一部分。根据宣传及《承包合同》内容可以认定，双方实际上已经约定将合同所涉集体所有土地用于非农业建设，违反了法律、行政法规的强制性规定，合同应属无效。合同无效后，双方应当互相返还因该合同所取得的财产。农业公司应将魏某等人支付的款项予以返还。因魏某等人已实际占用诉争土地一定期限，一审法院判决将剩余期限内的“租金”退还是正确的。故二审判决驳回上诉，维持原判。

第二节　家庭农场金融保险与财政税收政策解读

家庭农场与其他新型经营主体相比，在资金投入、技术支撑、生产销售方面存在较大差距。家庭农场由于其调动的是家庭力量，受资金、技术、人力等各种因素制约，盈利能力不强，发展初期需要财政给予扶持和帮助。国家政策鼓励金融机构针对家庭农场开发专门的信贷产品，在商业可持续的基础上优化贷款审批流程，合理确定贷款的额度、利率和期限，拓宽抵质押物范围；开展家庭农场信用等级评价工作，鼓励金融机构对资信良好、资金周转量大的家庭农场发放信用贷款。全国农业信贷担保体系要在加强风险防控的前提下，加快对家庭农场的业务覆盖，增强家庭农场贷款的可得性；继续实施农业大灾保险、三大粮食作物完全成本保险和收入保险试点，探索开展中央财政对地方特色优势农产品保险以奖代补政策试点，有效满足家庭农场的风险保障需求；鼓励开展家庭农场综合保险试点。

一、家庭农场金融保险政策解读

切实加大对家庭农场等新型农业经营主体的信贷支持力度。各银行业金融机构对经营管理比较规范、主要从事农业生产、有一定生产经营规模、收益相对稳定的家庭农场等新型农业经营主体，应采取灵活方式确定承贷主体，按照“宜场则场、宜户则户、宜企则企、宜社则社”的原则，简化审贷流程，确保其合理信贷需求得到有效满足。重点支持新型农业经营主体购买农业生产资料、购置农机具、受让土地承包经营权、从事农田整理、农田水利、大棚等基础设施建设维修等农业生产用途，发展多种形式规模经营。

合理确定贷款利率水平，有效降低新型农业经营主体的融资成本。对于符合条件的家庭农场等新型农业经营主体贷款，各银行业金融机构应从服务现代农业发展的大局出发，根据市场化原则，综合调配信贷资源，合理确定利率水平。对于地方政府出台了财政贴息和风险补偿政策以及通过抵质押物或引入保险、担保机制等符合条件的新型农业经营主体贷款，利率原则上应低于本机构同类同档次贷款利率平均水平。各银行业金融机构在贷款利率之外不应附加收费，不得搭售理财产品或附加其他变相提高融资成本的条件，切实降低新型农业经营主体融资成本。

合理确定贷款额度，满足农业现代化经营资金需求。各银行业金融机构要根据借款人生产经营状况、偿债能力、还款来源、贷款真实需求、信用状况、担保方式等因素，合理确定新型农业经营主体贷款的最高额度。原则上，从事种植业的专业大户和家庭农场贷款金额最高可以为借款人农业生产经营所需投入资金的70%，其他专业大户和家庭农场贷款金额最高可以为借款人农业生产经营所需投入资金的60%。家庭农场单户贷款原则上最高可达1000万元。

加快农村金融产品和服务方式创新，积极拓宽新型农业经营主体抵质押担保物范围。各银行业金融机构要加大农村金融产品和服务方式创新力度，针对不同类型、不同经营规模家庭农场等新型农业经营主体的差异化资金需求，提供多样化的融资方案。对于种植粮食类新型农业经营主体，应重点开展农机具抵押、存货抵押、大额订单质押、涉农直补资金担保、土地流转收益保证贷款等业务，探索开展粮食生产规模经营主体营销贷款创新产品。对于种植经济作物类新型农业经营主体，要探索蔬菜大棚抵押、现金流抵押、林权抵押、应收账款质押贷款等金融产品。对于畜禽养殖类新型农业经营主体，要重点创新厂房抵押、畜禽产品抵押、水域滩涂使用权抵押贷款业务。对于产业化程度高的新型农业经营主体，要开展“新型农业经营主体+农户”等供应链金融服务。对资信情况良好、资金周转量大的新型农业经营主体要积极发放信用贷款。人民银行各分支机构要根据中央统一部署，主动参与制订辖区试点实施方案，因地制宜，统筹规划，积极稳妥推动辖内农村土地承包经营权抵押贷款试点工作，鼓励金融机构推出专门的农村土地承包经营权抵押贷款产品，配置足够的信贷资源，创新开展农村土地承包经营权抵押贷款业务。

鼓励金融机构创新产品和服务，加大对新型农业经营主体的信贷支持，力争实现对农业经营主体贷款增速不低于各项贷款增速。引导银行业金融机构对经营管理比较规范、主要从事农业生产、有一定生产经营规模、收益相对稳定的新型农业经营主体，简化审贷流程，确保其合理信贷需求得到有效满足。信贷资金重点支持新型农业经营主体购买农业生产资料、购置农机具、进行技术改造升级、受让土地承包经营权、整理农田、修建水利、建设设施大棚等农业生产用途，发展多种形式适度规模经营。稳步推动农村承包土地经营权、林权、海域使用权等抵押贷款创新试点。探索开展粮食生产规模经营主体营销贷款和大型农机具融资租赁试点，积极拓宽抵押贷款担保物范围，允许利用厂房、渔船、存货、生产大棚、大型农机具、农田水利设施产权和生产订单、农业保单、应收账款等进行抵押贷款。充分发挥农业融资信贷担保机构作用，对从事粮食生产和农业适度规模经营的新型农业经营主体的农业信贷担保余额不低于总担保规模的 70%。探索建立新型农业经营主体信用评价体系，完善经营主体信用评价机制，对符合条件的灵活确定贷款期限、简化审批流程，对正常生产经营、信用等级高的可以实行贷款优先等措施。积极引导互联网金融、产业资本依法依规开展农村金融服务。

加大新型农业经营主体发展支持力度，针对不同主体，综合采用贷款贴息、信贷担保、以奖代补、定向委托、政府购买服务等方式，支持符合条件的新型农业经营主体兴建生产服务设施、建设原料生产基地、扩大生产规模、推进技术改造升级、建立科技研发机构等。探索推进涉农资金统筹整合，实行“大专项 + 任务清单”管理模式，进一步明确政策目标、扶持对象、补助标准、实施期限、绩效管理等。农机具购置补贴等政策要向适度规模经营的新型农业经营主体倾斜。探索开展政府购买农业公益性服务机制创新试点，鼓励通过政府购买服务，支持社会化服务组织开展农林牧渔和水利等生产性服务。对进入上市辅导期和列入上市后备资源的农业龙头企业，有关部门在发行债券、并购重组、股权融资等方面给予支持。对农业经营主体被新认定为高新技术企业的，一次性给予 30 万元奖励。

适当延长贷款期限，满足农业生产周期实际需求。对日常生产经营和农业机械购买需求，提供 1 年期以内短期流动资金贷款和 1~3 年期中长期流动资金贷款支持。对于受让土地承包经营权、农田整理、农田水利、农业科技、农业社会化服务体系建设等，可以提供 3 年期以上农业项目贷款支持。对于从事林木、果业、茶叶及林下经济等生长周期较长作物种植的，贷款期限最长可为 10 年，具体期限由金融机构与借款人根据实际情况协商确定。在贷款利率和期限确定的前提下，可适当延长本息的偿付周期，提高信贷资金的使用效率。对于林果种植等生产周期较长的贷款，各银行业金融机构可在风险可控的前提下，允许贷款到期后适当展期。

二、家庭农场财政税收政策解读

鼓励有条件的地方通过现有渠道安排资金，采取以奖代补等方式，积极扶持家庭农场发展，扩大家庭农场受益面。支持符合条件的家庭农场作为项目申报和实施主体参与涉农项目建设。支持家庭农场开展绿色食品、有机食品、地理标志农产品认证和品牌建设。对符合条件的家庭农场给予农业用水精准补贴和节水奖励。家庭农场生产经营活动按照规定享受相应的农业和小微企业减免税收政策。

中央财政于2020年通过农业生产发展资金支持新型农业经营主体采取“先建后补、以奖代补”的方式建设农产品仓储保鲜设施，支持县级以上示范家庭农场（贫困地区条件适当放宽）改善生产条件、应用先进技术，提升规模化、绿色化、标准化、集约化生产能力，建设清选包装、烘干等产地初加工设施，提高产品质量水平和市场竞争力，并向“三区三州”深度贫困地区、新冠肺炎疫情防控重点地区和鲜活农产品主产区、特色农产品优势区倾斜。

落实新型农业经营主体在生产、加工、销售、研发等环节及用地方面的税收优惠。对符合规定使用农产品收购发票的农业经营主体，按政策计算抵扣进项税额。对农业产业化龙头企业取得的具有专项用途的财政性扶持资金，根据国家税收有关规定落实优惠政策。对拖拉机和捕捞、养殖渔船免征车船税，直接用于农、林、牧、渔业的生产用地免缴城镇土地使用税。对农业产业化龙头企业发生的资产损失，按规定在计算企业所得税前扣除。逐步将条件成熟的行业纳入农产品增值税进项税额核定扣除试点范围，对企业从事符合条件的农产品初加工项目的所得，免征企业所得税。对社会化服务组织从事农业机耕、排灌、病虫害防治、植保、农牧保险及相关技术培训业务，家禽、牲畜、水生动物的配种和疾病防治所取得的收入，免征增值税。对符合条件的新型农业经营主体，免征教育附加费、地方教育附加、水利建设基金、文化事业建设费和残疾人就业保障金等相关税费。支持农业产业化龙头企业与农户建立风险保障机制。落实鲜活农产品运输“绿色通道”和免征蔬菜流通环节增值税政策。加强宣传培训、纳税服务、申报征收、后续管理等工作，提升税收优惠政策落实的质量和效果。

加大政策资源整合力度。人民银行各分支机构要积极推动当地政府出台对家庭农场等新型农业经营主体贷款的风险奖补政策，切实降低新型农业经营主体融资成本。鼓励有条件的地区由政府出资设立融资性担保公司或在现有融资性担保公司中拿出专项额度，为新型农业经营主体提供贷款担保服务。各银行业金融机构要加强与办理新型农业经营主体担保业务的担保机构的合作，适当扩大保证金的放大倍数，推广“贷款＋保险”的融资模式，满足新型农业经营主体的资金需求。推动地方政府建立农村产权交易市场，探索建立农村集体资产有序流转的风险防范和保障制度。

第三节　家庭农场人才培养政策解读

对于家庭农场经营与发展而言，目前的最大问题是专业人才的需求缺口大。大部分的农场发展急需专业本领扎实的相关管理人才，精通运用各类型高新科技的人才以及拥有创新实践精神的新型管理型人才。

一、返乡下乡人才培养政策

鼓励返乡下乡人员领办创办新型农业经营主体和服务主体，鼓励支持各类人才到新型农业经营主体和服务主体工作。鼓励各地通过政府购买服务方式，委托专业机构或专业人才为新型农业经营主体和服务主体提供政策咨询、生产控制、财务管理、技术指导、信息统计等服务。推动普通高校和涉农职业院校设立相关专业或专门课程，为新型农业经营主体和服务主体培养专业人才。鼓励各地开展新型农业经营主体和服务主体国际交流合作。

农业农村部会同有关部门，通过政策引导、工作推动等措施支持学企合作、科技特派员等农技推广服务模式发展。2017 年，农业部会同教育部研究出台《关于深入推进高等院校和农业科研单位开展农业技术推广服务的意见》，指导各地创新服务方式，围绕地方主导产业和农业科研院校的优势学科，推进农业科研院校、校地（企）、院地（企）等多种形式合作。2018 年以来，农业农村部实施农业重大技术协同推广计划，组织产学研推用多方主体聚焦产业科技需求，发挥各自优势和特色，协同联动开展科技服务，有效促进了农业科技成果转移转化。

二、新型农业经营人才培养政策

农业农村部注重培养新型农业经营主体人才，加强专业队伍建设。一是加快高素质农民培育，大力培养新型农业经营主体人才。近年来，农业农村部联合财政部启动高素质农民培育工程，共培训新型农业经营主体 1600 万人。二是指导涉农专业建设，引导更多人才扎根农村。农业农村部与教育部合作共建 8 所农业大学，与地方省部共建 17 所农业大学，围绕农业农村发展和现代农业转型升级需要，指导共建高校及时调整学科专业设置，加强涉农重点专业群建设，鼓励更多毕业生进入农村、扎根农业。

发展农业职业教育和学历教育，鼓励新型农业经营主体带头人通过“半农半读”、线上线下等多种形式就地就近接受职业教育。加强农业职业技能培训、农业创业培训和农业实用技术普及性培训，提高农业经营主体经营能力。创新培训模式，搭建农业科技服务平台，构建上下贯通、数据共享、高效互动、服务快捷的农科教综合服务体系。加强“农科驿站”建设，鼓励各级“星创天地”等科技创新创业服务平台开展农民创新创业培训。深入推行科技特派员制度，完善知识产权入股、参与分红等激励机制，吸引科研人员到家庭农场任职兼职，提升科技应用水平。鼓励引进各类职业经理人，提高农业经营管理水平。鼓励农民工、大中专毕业生、退伍军人、科技人员等返乡下乡创办领办新型农业经营主体，符合条件的一次性给予 1 万元创业补贴。将新型农业经营主体列入高校毕业生“三支一扶”计划服务岗位的拓展范围，强化农业新型经营主体人才支撑。建立产业专家帮扶和农技人员对口联系制度，鼓励基层农技人员联系新型农业经营主体开展技术指导服务。

加大新型农业经营主体和服务主体经营者培训力度，坚持面向产业、融入产业、服务产业，着力建机制、定规范、抓考核，强化农民教育培训体系，实施好新型农业经营主体带头人、返乡入乡创新创业者等分类培育计划，加强统筹指导各地各部门培训计划，大力开展家庭农场经营者轮训，加大农业社会化服务组织负责人培训力度。积极探索高素质农民培育衔接学历提升教育。鼓励各地通过补贴学费等方式，支持涉农职业院校等教育培训机构和各类社会组织，依托新型农业经营主体和服务主体建设实习实训基地，做好农村各类高素质人才示范培训与轮训。支持各类教育培训机构加强高水平“双师型”教师队伍建设，充实教学设施设备，改善办学条件，完善信息化教学手段，加强基地建设，支持各地重点建设产教融合实训基地、创业孵化基地和农民田间学校等。

加快改革农科专业体系、课程体系、教材体系，科学设计教学模式、考试评价模式，推动农业职业教育更好地服务产业发展，科学布局中等职业教育、高等职业教育、应用型本科和高端技能型专业学位研究生等人才培养的规格、梯次和结构。以打通和拓宽各级各类技术技能人才的成长空间和发展通道为重点，构建体现终身教育理念、满足农民群众接受教育的需求、满足“三农”发展对技术技能人才需求的现代农业职业教育体系。

加强农村科普，健全和完善县乡科学技术推广普及网络，大力推动农村科普出版物发行，增加农民买得起、读得懂、用得上的通俗读物的品种和数量。积极探索利用各类新媒体传播渠道，通过动画、短视频等农民喜闻乐见的形式，广泛宣传农业生产应用技能和成功经验。加强农村科普活动场所和科普阵地建设，在农村建设一批较高水平的科普教育基地和科普实验基地。加强农技推广和公共服务人才队伍建设，支持农技人员在职研修，优化知识结构，增强专业技能，引导鼓励农科毕业生到基层开展农技推广服务。

第三章

家庭农场规划与建设

规划是现代农场建设过程中极其重要的环节，一个新农场的建立或一个老农场的改造，首先应做出相应的规划，用以指导农场的建设和发展。规划必须以相关理论为依据，遵循规划基本原理，充分结合当地区域实际条件，因地制宜、适度规模，并以此为指导才能保证规划的科学性、前瞻性、客观性与可行性。现代农场建设必须按照农场规划设计有序进行，依据现代农场的定位与功能布局，充分利用现代高新技术、设施农业栽培技术、立体种养技术、无公害生产技术、高效生态农业生产技术，加强现代农场基础设施建设，把现代种植技术、养殖技术、设施农业技术应用于农场生产开发之中，促进农场生产现代化、管理信息化、市场导向化，实现农业增效、农场增收的目标。

第一节　家庭农场规划原则、方法与步骤

规划是指事物比较全面的长远的发展计划，是对未来整体性、长期性、基本问题的思考和设计未来整体行动方案。规划要遵循其对应的原则，同时要按一定的方法与步骤进行。不同规划对象与目的，应有不同的规划原则和方法。所以，现代农场规划必须按照其特定原则、方法与步骤来进行，确保规划方案具有科学性、客观性与可行性，有利于农场的建设和可持续发展。

一、规划遵循的基本原则

家庭农场规划原则，通常包括提高农业效益、充分利用现有资源、优化资源配置、充分挖掘优势资源、因地制宜、可持续性等六大原则。

（1）提高农业效益原则。家庭农场是在加快城市化建设进程、转变社会发展思路、推动农业转型升级背景下的农业发展新模式。是土地由低效种植向高度集成和综合利用的转变，以适应城市发展、市场需求、多元投资，并追求效益最大化的有效途径。因此，规划布局应充分考虑家庭农场的经营效益，实现家庭农场的产业化、生态化和高效化，达到显著提高农业生产效益、增加经营者收入的目的。

（2）充分利用现有资源原则。一是充分利用现有房屋、道路和水渠等基础设施。根据农场现有的地形地貌和道路水系实际情况，本着因地制宜、节省投资的原则，根据家庭农场体系构架、现代农业生产经营的客观需求，科学规划农场路网、水利和绿化系统，并进行合理的项目与功能分区。二是充分利用现有的自然景观。尽量不破坏现有农场域内及周围已有的自然景观，谨慎地选择和设计，充分保留自然风景。

（3）优化资源配置原则。优化道路交通、水利设施、生产设施、环境绿化及建筑造型、服务设施等硬件配置；科学合理利用优良品种、高新技术，构建合理的时空利用模式，充分发挥农业生产潜力；合理布局与分区，便于机械化作业，并配备适当的农业机械设备与人员，充分发挥农机功能与作业效率。此外，为了方便建设、节省投资，建筑物和设施应相对集中靠近分布，以便统筹兼顾交通、水电配套和管线安排等方面。

（4）充分挖掘优势资源原则。认真分析家庭农场的区位优势、交通优势、资源优势、特色产品优势，光、温、水、土等农业资源状况，并以此为基础，因地制宜安排家庭农场的农作物种植、畜禽养殖特色品种、规模以及种养搭配模式，挖掘农业优势资源；在景观规划上，要布局合理、分布适宜、均衡和谐，在展示现代化农业景观方面达到最佳效果。

（5）因地制宜原则。充分利用现有的农业资源及自然地形，有效地划分和组织农场的农业布局空间，确定农场的功能分区，特别是原有的自然基础设施，包括山塘、水库、沟渠等要最大限度地利用、维护，以节省基础性投资；要尊重自然规律，坚持生态优先，保护农业生物多样性，减少对自然生态环境的破坏。同时，通过种植模式构建、作物时空搭配，充分展示农场自然景观特色。

（6）可持续性原则。本着科学、尊重自然的态度，适度、合理、科学地开发农业资源，合理地划分功能区，协调人与自然多方面的关系，保护区域的生物多样性，采取多目标、多途径解决环境问题，建立一个具有永续发展、良性循环、较高品质的农业环境，走可持续发展之路。

二、规划方法

家庭农场规划可采用“五因规划法”，即因地制宜、因势利导、因人成事、因难见巧、因事制宜。

（1）因地制宜。依据农场规划区域及周边的地形地貌、土壤特性、气候资源、水源条件、耕作制度、交通条件等状况，制定场区规划。在规划工作前期，深入了解农场区域及周边自然环境、农业消费习惯和基础建设条件，获得重要的基础数据，确保规划方案具有较强的科学性。

（2）因势利导。家庭农场本身就是一个生态系统，生态系统能否发展壮大，由其内因和外因共同决定。外因通常包括经济周期、科技发展趋势、政府宏观政策、行业发展现状等。在规划时，要综合分析社会进步、经济发展、科技创新、市场变化的总趋势，研究政府的意志和百姓的消费意愿，对农场进行合理的目标定位，保证农场发展具有先进性和前瞻性。

（3）因人成事。农场主体受地域特征和区域优势农产品影响较大，在组织管理体系和运营机制设计时，应将科学管理原理和地方政策、区域文化结合，反复征求项目实施主体对规划方案的意见，体现出项目实施主体的决策选择。

（4）因难见巧。家庭农场规划要为解决项目发展难题服务，这就要求农场规划者要有更宽阔的视野，在规划设计中要积极思考，勇于创新，通过反复调查、研究、论证，提炼出既有前瞻性又有可操作性的农场建设运营方案。

（5）因事制宜。在对农场定位、场内规划、功能分区以及景观设计时，根据农场所在区域特征、资源优势及实施业主的要求确定农场的主题。如是休闲农场，要有鲜明主题和特色；如是单一种植或养殖农场，要有主要特色品种与规模；如是综合性农场，要考虑各个功能分区布局与组配模式。

三、规划的基本步骤

家庭农场规划的基本步骤，分为调查研究、资料分析研究、方案编制、形成规划文本和图件四个阶段。

（一）调查研究阶段

调查研究阶段，首先规划设计方在农场经营者邀请下进行考察，了解农场用地的自然环境、区位特点、特色资源、规划范围，收集与农场有关的自然、历史和农业背景资料，对整个农场环境状况进行综合分析。然后充分了解农场经营者的具体要求，以及家庭农场的主题定位、区位分析、功能分析、项目类型、时间期限、建设阶段、资金估算及投入产出期望等，在此基础上提出规划纲要。

（1）自然环境。对家庭农场规划用地的土地流转情况、区域界限、地形状况和地区气候、土肥情况、水资源分布与储量状况进行调研，确定该地区适合种植的农业作物的种类，并根据场地地形、地势差异，合理布置作物的种植区域。

（2）经济发展状况。家庭农场发展是以地区经济水平为基础，一方面家庭农场开发需要当地经济的支持，另一方面当地经济的发展能带动家庭农场各产业发展。在规划初期，要结合地区经济发展状况确定家庭农场类型和规模，在节约投资的同时，避免造成资源的浪费和环境的破坏。

（3）市场供求状况。农产品规模化生产后，最终要投入市场，只有具有市场经济价值的农产品，才能产生更好的经济效益。因此在规划前期，应对当前农产品市场的发展趋势进行预测，确定具有发展潜力的农产品种类。

（4）投资经济效益分析。根据市场调查数据，结合农场建设背景和市场容量，确定家庭农场的开发规模，从而预测出家庭农场建设的投资成本和收益利润，为农场的顺利建设提供保障。

（二）资料分析研究阶段

资料分析研究阶段要分析讨论规划框架，签订正式合同，初步形成农场用地规划布置。

（1）分析讨论规划框架，一般包括农场名称、规划地域范围、场内布局与功能分区、时间期限、建设阶段、资产估算与效益分析等内容。

（2）农场经营者和规划设计方签订正式合同或协议，明确规划内容、工作程序、完成时间、成果等事宜。

（3）规划设计方再次考察所要规划的项目区，并初步勾画出整体农场用地规划布置，保证功能合理。

（三）方案编制阶段

方案编制阶段，有初步方案、论证、修订、再论证等步骤。

（1）初步方案。规划设计方完成方案图件初稿和方案文字稿，形成初步方案。

（2）论证。农场经营者和规划设计方及受邀的其他专家进行讨论、论证。

（3）修订。规划设计方根据论证意见修改完善初稿后形成正式稿。

（4）再论证。以农场经营者和规划设计方为主，并邀请行政主管部门或专家参加。

（四）形成规划文本和图件阶段

规划文本和图件包括规划框架、规划风格、分区布局、交通规划、水利规划、绿化规划、水电规划、通信规划和技术经济指标等文本内容及相应图纸。文本力求语言精练、表述准确、言简意赅；图纸包括二维平面图和三维立体效果图等。

第二节 家庭农场规划要求与内容

随着经济社会的发展，家庭农场建设在我国呈现蓬勃发展趋势，许多企业、种养大户、专业合作组织、农民合作社等开始投资建设现代化的家庭农场。家庭农场建设是农业经济模式的创新，其发展顺应了社会的需求，但家庭农场建设缺乏理论指导，缺乏成功经验借鉴，缺乏家庭农场在本区域的正确定位和科学合理规划设计，以及全方位技术支持等。

一、家庭农场规划的基本要求

家庭农场规划设计必须达到以下几个方面的要求：

（1）定位明确。结合场区实际情况，确定农场主题，突出农场特色，确定农场的主题功能。例如，种植农场要确定主要种植作物，确定如何合理配置；养殖农场要确定主要畜禽或水产品种；综合农场要确定种植、养殖种类以及循环利用模式。

（2）布局科学。科学合理的现代家庭农场功能布局、建筑设施、生产设施、水利设施、交通道路，要求设计者要懂得农业生产、农业经济、生态美学等方面的知识，将农业生产有机融入设计之中，创造出美的视觉享受。规划过程中切忌机械组合、堆砌，应突出农业生产这个主题，建设成充满生机活力、主题鲜明的家庭农场。

（3）展示科技。家庭农场应成为农业高新技术展示窗口与应用平台，充分展现、利用现代化科学技术，进行农作物栽培和畜禽养殖。广泛采用农业新技术、新设施、新产品，将各种环保节能新技术应用到农场生产的各个环节和领域，以最少的物质和资源投入，获得最大回报。

（4）生态和谐。家庭农场规划设计，首先要充分尊重自然规律，利用生态学原理，在农业生产领域进行科学设计，合理进行时空布局，最大限度地利用农业自然资源，显著提高资源利用效率。然后利用有利生态循环技术进行种植、养殖设计，构建场内循环利用系统，对农作物生产、畜禽养殖进行无害化处理，资源化利用。最后将道路、建筑和围墙等立体空间尽可能绿化美化。创造一个生物四季平衡和谐的生态系统。

二、家庭农场规划的主要影响因素

一般来说，一个家庭农场往往包括很多个子项目，各个子项目规划得好与不好，会直接影响到农场整个效果。整体规划时，要充分考虑农场定位、科技含量、功能需要、经济效益、社会影响、环境保护、投资风险、建设难度、本地特色等。

（1）农场定位。根据前期调研实际情况。确定农场是单一性种植、养殖农场，还是种养结合农场、休闲农场等。农场定位必须主题明确，特色鲜明。

（2）科技含量。家庭农场，应体现技术的先进性，突出农产品生产的科技含量。只有引进种植、养殖、休闲等领域的高科技，才能提升农场整体的经济效益。

（3）功能需要。对项目的设置要考虑农场整体功能的完善。有些项目，单独看可能科技含量不高或没有什么经济效益，这将带来农场管理和运作的不便，无法提高农场总体效率。

（4）经济效益。经济效益是农场项目选择的核心指标。农场如果没有自身的经济效益，就不可能长期持续发展。因此，在项目选择时，除功能性项目外，可以实行经济效益指标的“一票否决制”。

（5）社会效益。家庭农场的社会效益应十分明显，特别是政府主办的家庭农场更应该如此。社会效益主要体现在如下五个方面：第一，提高农民收入水平；第二，为社会提供农产品和其他服务产品；第三，改善农场从业人员生活和工作条件；第四，促进生产方式的改革，以适应生产力的发展；第五，提供农村劳动力就业机会，有利于社会稳定。

（6）环境保护。环境保护也是家庭农场建设和发展过程中应重点考虑的因素，是农场可持续发展的重要保障。大规模养殖场如粪便处理不当，就可能造成环境污染。在项目选择时，应以改善环境、优化环境为重要参考指标，减少农药残留、防止水土流失、提高土壤肥力、净化空气、净化水域、降低噪声污染和降解重金属污染等。

（7）投资风险。投资风险是任何项目选择所必须要考虑的重要因素。对一个综合性家庭农场来说，在项目配置上应该平衡，既要有高风险、高回报的项目，也要有风险小、利润一般的项目。

（8）建设难度。建设难度是一个可操作性问题，对项目的选择影响很大，与投资风险也有一定的关系。建设难度大，投资风险也就大。家庭农场不排斥难度大的项目，但家庭农场的启动项目，建设难度越小越好。

（9）本地特色。家庭农场，特别是家庭休闲农场，本地特色是其在竞争中取胜的法宝。只有挖掘当地资源优势、市场优势、文化优势、区域优势，才真正具备本地特色。

三、家庭农场规划主要内容

家庭农场规划主要内容包括区位与选址、家庭农场布局、家庭农场的分区、道路规划、绿化规划、场内水电规划等六个方面。

(一)家庭农场的区位与选址

1. 家庭农场的区位选择 家庭农场的区位选址，需从气候、光照、温度、土壤、水源等与农业生产直接相关因素和硬件配套设施等方面考虑和评估。影响家庭农场规划选址的因素有很多，其主要体现在以下三个方面，即基础条件、经济基础、人文资源。

(1)基础条件。基础条件是指农场选址的实际要求条件，主要包括自然环境条件、用地条件和基础设施条件。基础条件对农场选址有直接的影响，关系到农场产业规模、空间布局，会主导产业发展方向。

(2)经济基础。经济基础是指农场规划选址地经济发展状况，涉及经济发展水平、农业发展水平、居民生活水平、资金、市场等方面。选择经济较发达的地区，有利于农场集聚资金，有利于农场生产布局，可促进规模化生产和高科技的投入，发展潜力大。衡量某地的经济水平的两个最重要指标是当地的市场消费能力和投资能力。

(3)人文资源。家庭农场不再局限于传统单一农业生产功能，科普功能、教育功能、休闲观光功能等，在一定程度上成了农场功能的重要组成部分。对农场选址地周围的人文资源进行合理开发，将农牧生产、农业经营活动与农村文化生活、风俗民情、人文景观等有机结合，建设成融生产、加工、观光、科普教育等多功能为一体的综合性现代化农场，更能体现市场导向和社会价值。

2. 地址选择应考虑的因素 选择家庭农场建设的地段，应考虑适合产业发展经营的自然环境，以便更好地为后期产业经营奠定基础。

(1)选择地形相对平坦，具有大规模农业生产的地段，作为家庭农场建设地址。

(2)选择自然风景条件较好，植被丰富的风景区周围地段，也可在旧农场、林地或苗圃的基础上加以改造。

（3）选择利用原有的名胜古迹、人文景观、现代化新农村等，建设现代休闲农场，展示农场古老的历史文化，或崭新的现代社会主义新农村景观。

（4）选择场址应结合当地地域经济发展水平，应考虑不同经济水平、不同的土地利用状况，以及不同的农场类型。

（二）家庭农场布局

布局是对有关事物的全面安排。空间布局从不同的角度可分为空间功能分布、空间结构设计、空间形态设计、空间要素布置、空间层次分析等。根据不同的研究内容又可分为产业空间布局、绿地空间布局、居住空间布局等。农场空间布局指的是各功能小区的空间布置。

在农场系统规划、建设和运营中，场区空间布局是具有重要影响的基础性和关键性工作。应根据农场区域自然条件、地形地貌和开发现状，以优化生产区、生活区、管理区、示范区以及休闲娱乐区等为出发点，合理配置农场内主要建筑物、道路、主要管线、绿化及美化设施。

（三）家庭农场的分区

家庭农场功能分区时，要有所偏重、有所取舍，做到因地制宜，区别对待。

1. 功能分区原则　功能分区需从农场需求、现有农业资源、空间布局、以人为本等方面进行考虑。

（1）满足农场需求。各功能分区及规划内容要满足农场的各项功能要求，因需要而设置。种植区根据不同土地用途，可划分为不同种植模块，如旱地种植、稻田种植、林地种植。每个种植模块又可以分为不同作物种植搭配模式。

（2）充分利用现有农业资源。农场类型和功能区的确定，必须结合现有农业资源，遵循因地制宜、人地和谐的原则进行规划设计，尽可能减少或避免对场地改造，充分保护生态环境和生态资源。

（3）保持空间布局的完整。农场的各功能区不能过细，应尽量保持农业生产区域的规模，通过科学布局、合理组配，将相关功能加以联系，并在空间布局上得到充分体现。

（4）注重以人为本。功能分区应遵循以人为本的原则，特别是休闲观光农场，应依照生产者和旅游者的双重需要，通过合理的布置，既方便农场管理与生产农事，又方便游客观光休闲、娱乐体验，实现更高的生产效率和更舒适便捷的观光游赏。

2. 分区规划 典型家庭综合农场可分为生产区、示范区、观光区、管理服务区、休闲配套区等区域。

（1）生产区。生产区在家庭农场中占地面积较大，主要用于农作物生产、畜牧养殖、水产养殖、森林经营，需选择土壤、地形、气候条件较好，并且具有水源，灌溉和排水设施。

（2）示范区。示范区是家庭农场中进行农业科技示范、生态农业示范、科普示范、新品种新技术展示、设施农业新装备展示的区域。

（3）观光区。观光区是家庭农场中人流集中的地方。可选在地形多变、周围自然环境较好的区域，让游人身临其境，感受田园风光所带来的心身愉悦。该区域人流集中，要合理地组织空间，并有足够的道路、广场和生活服务设施。

（4）管理服务区。管理服务区是为家庭农场经营管理而设置的内部专用区域，特别是大型的综合性家庭农场，该区域内应有管理、经营、培训、接待、咨询、会议、车库、生活用房等，一般位于大门附近，与农场外主干道相连。

（5）休闲配套区。在家庭农场中，特别是综合性农场、休闲观光农场，为了满足游人休闲需要而设立，单一的生产性农场可以不设此区。休闲配套区一般应靠近观光区，靠近出入口，并与其他区域用地有分隔，保持一定的独立性。规划者应在充分理解旅游者的心理需求的基础上，通过设立采摘区、体验区、观赏区等，充分挖掘特色资源，彰显农场主题，设计融生产体验、农耕文化传承、农业知识普及、休闲娱乐于一体的特色项目，营造一个供游客享受乡村生活空间和参加体验的场所。

（四）道路规划

道路规划，包括道路规划要求、规划功能、规划内容等方面。

1. 规划要求

（1）因需而定。由道路功能定路宽、结构及路面材质，做到既美观又实用。

（2）便利通畅。以科学、有效、便捷为准则，场内道路既要利于生产经营，又要便于集散人流、物流。

（3）网状分布。道路成网规划，功能配套，合理分隔农场内各大小区域。

（4）功能明确。总体规划合理，有主有次，具有明确导向功能。

（5）节约土地。充分利用现有道路，并与供排水网结合，尽量节约土地。

2. 规划功能

（1）种植区、养殖区的生产服务专用道和游览观光通道可以兼用。

（2）成为各不同级别功能区的自然分界线，便于管理和经营。

（3）休闲观光农场还应考虑服务区、管理区内游览观光用的游览车道和交通便道。

3. 规划内容　交通道路规划包括对外交通、入内交通、内部交通、停车场地和交通附属用地等。

（1）对外交通。对外交通是指由其他地区向农场主要入口处集中的外部交通，通常包括公路、桥梁建造和汽车站点的设置等。

（2）入内交通。入内交通是指农场主要入口处到农场管理、服务或接待中心的道路，要求路面较宽、美观、实用。

（3）内部交通。内部交通系统的规则内容主要包括以下三个方面：①道路交通线尽可能选择或利用自然现有的通道；②根据农场性质、功能区的特点，确定主干道路和次干道路及其宽度；③交通方式主要有地面交通和水上交通，包括车行道、步行道等。

（五）绿化规划

1. 规划要求　按照总体布局，服从项目功能定位，植物与建筑、水系、道路以及地形地貌共同构成农场的环境景观。

（1）农场绿化要体现造景、游憩、美化、增绿和分界的功能。

（2）主要针对管理服务区、功能区、主干道两旁以及闲置空地等，因地制宜进行绿化造景，且不能影响到农作物生长所需的光照。

（3）绿化主要是植树、栽花、种草，且宜用本地树种、花种、草种。

2. 规划内容 要按植物的生物学特性，从家庭农场的功能、环境质量、布局的艺术性等要求出发来全面考虑。农场中不同的分区对绿化种植的要求也不一样。以综合性生产农场为例，规划内容包括：

（1）生产区。种植区一般以落叶小乔木为主调树种，常绿灌木为基调树种形成道路两侧的绿化带，总体上形成与生产区内农作物四季变化的景观互补效应。

（2）观光区。观光区内植物可根据农场主题营造不同意境的绿化景观效果，总体上形成以绿色为基调且季度变化丰富的植被景观。在游人活动较集中的地段，可设开阔的大草坪，留有足够的活动空间，并种植高大的乔木。

（3）管理服务区。可用高大乔木作为基调树种。与观花灌木和地被植物结合，一般采用规则式种植，形成前后层次丰富、色块对比强烈、绚丽多姿的植被景观。

（4）休闲配套区。可种植一些观花小乔木，并搭配一些秋色叶树和常绿灌木，以自由式种植为主，地被四时花卉、草坪，形成春夏赏花、秋有红叶、冬季常绿的四季景观特色。

（六）场内水电规划

1. 规划要求

（1）农场内外水系贯通。有水源，有进水，排水通畅。

（2）充分利用原有的主要水系及水利工程，节省投资。

（3）场内灌排工程要因地制宜。

（4）生产和生活用水分开规划。

（5）计算用电负荷，科学架设电网，安全布置电路。

2. 规划内容

（1）灌排水设施规划。灌、排、蓄兼用，包括农场内主干水系；灌溉专用，场田内用与进水的硬质沟渠及喷灌、滴灌等用的各级专用干支管道；排水专用，场田内各级排水沟系；造景、养殖兼用，生产区、示范区、观光区、管理服务区内新开挖的池塘。

（2）供水方式规划。利用农场现有自来水供水网增容解决，农场自建小型深井自来水厂以补充不足和以防不测，生产用水利用山塘、水库等储水设施提供。

（3）排水规则。生活污水无害化处理后排入场外界河，亦可直接作为农业生产灌溉用水，雨水通过集水系统汇入农场内山塘、水库、河沟，蓄作灌溉用水。

（4）供电规划。农场的生活、生产和经营用电通过增容解决。用电量估算：农场常设人员按每人每月 50KW · h 计算，经营用电（旅游接待）按每人每次 0.5KW · h 计算，从而估算出农场近期 5~10 年、中期 10~20 年、长期 20~50 年的年用电量。电力线布局依路（沟）立杆架线而建，农场内特别是休闲服务区、生活区和文体教育项目区采用地下电缆。

第三节　家庭农场分类与建设

按功能分类，家庭农场可分为单一型农场、综合型农场、观光休闲型农场等类型。本节以列举各功能农场案例的形式，系统分析家庭农场规划与建设内容、方法，总结成功经验，为家庭农场的规划者、建设者和经营者提供借鉴和参考。

一、单一型农场

单一型农场包括两大类：一类是种植类农场，另一类是养殖类农场。

（一）种植农场规划与建设

以一个园艺植物农场为例。按照项目规则建设的一般要求，园艺植物农场规划时，必须明确场址、规模、投资预算、效益分析、园艺产品市场现状与趋势分析、产品市场需求预测等方面的内容。

1. 规划设计的依据　一个地区应当发展什么园艺植物生产，或一种园艺植物应当在什么地区、地块发展生产，不应是随意的、主观决策的，应以深入细致的调查研究和反复论证作为依据。调查研究的内容主要包括：

（1）宏观层面。国家政策、法规，地区经济、社会发展的方针，特别是农业种植发展的方针，城乡发展规划等。

（2）自然环境与资源。包括农场所在地的降水、温度、日照、湿度、地下水、风向风力、自然灾害等气象条件；地形、地势、土壤和植被等自然条件。

（3）社会经济及人文条件。包括人口、农业劳动力资源、经济状况、工业和商业、交通等现况；种植业水平，特别是已有园艺业水平、有无特优产品；农业劳动力素质等。

（4）园艺产品市场。园艺产品的近地和远销市场，现状与展望；本地、近地人口园艺产品消费水平及特点等。

（5）发展生产的投资情况。调查投资方，近期与长期投资力度等。在调查基础上对数据进行分析整理，依据实际数据绘制分析图、编制说明书，在这些工作的基础上再论证发展什么和怎样发展。

2. 规划设计的主要内容 种植农场规划设计主要包括水土保持工程、种植园小区规划设计、作物种类与品种配置、防护林体系、排灌系统、道路规划、建筑规划、规划附件等方面内容。

（1）水土保持工程。无论是山地种植园，还是平原、滩涂地种植园，水土流失、风蚀都是不容忽视的。水土保持工程的重点是山地修筑拦水坝、梯田；平原或滩涂地营造防风林。提倡省工高效的鱼鳞坑等，提倡生态效益好，省工又省力的植被护坡。

（2）种植园小区规划设计。小区是种植作业的基本单位，其划分有利于水土保持和防风，有利于运输和管理，以防护林、道路、排灌系统作为主要小区界线。平地和缓坡小区的面积一般是150~450亩，丘陵山地一般30~75亩。小区的形状以长方形较好，长边与防护林主林带平行；长边与短边的比例以2：1或3：2为宜。山地种植园的小区，其形状和大小应结合地形、地势进行划分。规模经营、专业化程度高的种植园，基本上一个小区种植较单一的园艺作物。

（3）作物种类与品种配置。种植园的气候、生产力、土质、土壤肥力、地形地势、区位条件及其他自然和人文条件，是确定种植不同园艺作物种类、品种的依据。作物种植应因地制宜。

在规划设计时应充分考虑：①不同成熟期、不同用途的种类、品种配置。大宗果品、早熟品种一般不耐贮运，晚熟品种耐贮运，果园宜多栽晚熟品种；大型蔬菜种植园，大宗蔬菜是主栽种类，可大面积种植，销售量小的蔬菜，则小面积种植。②果树授粉树配置。主栽品种确定后，要选配适宜的授粉品种。授粉品种要与主栽品种花期相同、花粉量大，并与主栽品种授粉亲和性好、产量与品质符合要求。授粉树配置，常见的是按树行栽植，如2~4行主栽品种，栽1行授粉品种；也可以在同一树行中，主栽品种每隔4~6株栽1株授粉品种，行与行的授粉树错开栽植。③品种隔离。有些蔬菜、花木种类或品种，在栽植时需要与对其有影响的种类、品种隔离。如辣椒不与豆类、蔬菜间作或近地栽培，因豆类易染蚜虫，辣椒很容易连带发生蚜虫危害。④园地立体种植。发展园地立体种植，通过多物种搭配，合理进行空间结构配置。注重作物层次与密度的布局，提高光能利用率，增加单位面积生物总产量和转化效率。

（4）防护林体系。防护林可以减低风速、减小风雹等灾害，还能调节小气候，缓和温湿度变化以及有利于水土保持和优化生态环境。设计和营造防护林网，中、大型种植园应有主林带和副林带。主林带与风向垂直，偏角20°~30°，10~20米乔木树种栽植3~6行，副林带乔木树种栽种一两行。

（5）排灌系统。大型种植园必须具有合理、完善的排灌系统，包括水源、水的输送和排泄管道、供水设施等。排灌系统的规划设计是种植园总体规划设计的主要内容之一。

水源，包括水库、河流以及种植园内的水井、池塘等，应估算其年总供水能力和季节最大供水能力，按种植园区面积、作物种类品种需水量确定水源的供水量、供水方式。

种植园供水应以地下管道为主，省地节水。地上渠道供水，注意防止渠道渗漏水。灌溉方式提倡喷灌、滴灌，并按喷灌、滴灌的设计购入设施并合理施工。

（6）道路。道路是种植园与社会联系沟通的纽带，道路分主路、干路、支路和作业路道。主路是种植园通往外界的最主要道路，应能保证较大的交通流量，一般宽6~8米，两旁是防护林或排灌渠道。干路和支路一般是小区的边界，宽4~6米。作业道设在小区内，原则为方便作业不多占地。山区种植园的道路设计要考虑地形、坡降，应与水土保持工程相结合。

（7）建筑和其他。种植园需要管理、工具与农作物资库、产品分级包装以及贮藏加工的房舍，甚至还需要职工休息、住宿的房舍。现代种植园，特别是城镇郊区的种植园、风景旅游点附近或交通干线附近的种植园，还应有观光、寓教、休闲、体验的功能。种植园应规划设计停车场、餐饮、休息和娱乐的活动空间，宣传农业、园艺科技知识的陈列室、放映厅，园艺产品采摘与购物中心等。

（8）规划附件。园艺种植园规划设计应有文字、绘图设计说明组成的规划设计书。种植园规划设计书应详细分析产品的预计产量、上市情况、收益、劳动效率和经济效益、投资与风险等，对产品上市方向既有预测性，又有一定的采后处理准备工作安排。

（二）养殖农场规划与建设

以一个肉牛农场为例。按照项目规划与建设的一般要求，肉牛养殖农场规划时，必须明确场址、规模、投资预算、效益分析、养牛业市场现状与趋势分析、产品市场需求预测等方面的内容。

肉牛农场的建设规模与主要农产品：发展5000亩优质牧草，并要求品种搭配，确保四季均有青草供应；建成一处存栏10000头肉牛的繁殖场，年加工能力为5万头的屠宰加工厂。主要产品包括牛肉、牛皮和其他副产品。对肉牛的不同部位进行分割，并按不同价格出售；对牛肉进行深加工，制成牛肉干、牛肉松、牛肉香肠等产品；牛皮用于制作皮革产品；副产品主要指肠衣、牛骨、牛血等。

1. 建设方案

（1）技术方案。①繁育：选择国内外优质种牛，采用冷冻胚胎繁育，新建10个冷冻胚胎移植站，近期繁育仔牛3万头，由农场繁育研究中心提供技术服务，专业养殖户承育。②育肥：建设15万平方米育肥场一处，每年出栏3批，每批5000头，年出栏1.5万头。另在养殖农户处分散建设1.5万头育肥场舍。根据发展情况，拟发展1000户养殖户，达到年出栏3万头的规模。③加工：引进先进肉牛屠宰加工设备，对牛肉、牛皮、牛骨、牛内脏及牛血进行深加工、精加工。④节能：场内建筑均采用节能设计，同时设置沼气池系统，解决肉牛排泄物污染问题，满足达标排放的要求。⑤销售：组建营销队伍，建立营销网络，80%的产品外销出口，20%的产品内销。

（2）工程方案。根据地形及设计内容，组织整个基地设计。通过道路的合理布局，将整个基地分为六大区：标准化养殖区、加工区、污染物达标区、办公科研区、休闲娱乐区、职工生活区。每个功能区均应有详细工程方案。

2. 环境影响评价与措施

（1）对水质的影响。生活废水和污水会对周围水造成影响，设计应考虑建立污水处理池，区内所有污水集中处理。

（2）对植被的影响。大面积的牛场、加工厂等设施会影响到区内植被，非硬化区域地面种植树木或牧草，既可美化环境，又可恢复植被。

（3）对水土流失的影响。工程建设过程中，会造成裸土随雨水流失，工程完毕后应尽快回填沟坑，栽植牧草或树木，绿化地表，防止水土流失。

（4）防治措施。应针对农场内牛排泄物进行综合治理。首先科学加工饲料，提高日粮消化率，减少排泄物；对品质差的饲料进行氨化、碱化、复合氨化处理，提高消化率；培育饲料转化率高的肉牛品种，或筛选优良的组合，减少营养损失，提高利用率。然后加强对排泄物的无害化处理。利用堆肥技术、废水无害化处理技术，在非硬化地段植树、种草，防止废弃物外扩，在污水池、下水道使用除臭剂，减少环境污染。最后排泄物循环利用。

3. 项目实施进度　应根据项目计划完成时间以及实施项目内容与难易程度，科学安排项目实施进度，包括：项目选址、专家评审论证、立项审批、规划、初步设计、土地征用以及有关各项行政审批手续（见表 3–1）。

表3–1　项目建设进度时间表

项目内容	×××× 年										×××× 年			
	3	4	5	6	7	8	9	10	11	12	1	2	3	4
可行性研究论证	○	○	○	○										
立项审批				○	○	○	○	○						
施工图纸设计						○	○	○	○	○				
土建工程施工											○	○	○	○
种牛考察购置试养														
设备安装、试车、投产														

4. 投资估算 包括建设资金、无形资产投入、流动资金等方面。

5. 收益分析 收入与成本计算：①育牛场收益分析，包括育牛场销售收入、成本；②牛屠宰加工场收益分析，包括牛肉屠宰销售收入与成本；③其他收入与成本，包括固定资产折旧、税费、人员工资、贷款利息、水电费等。

（1）经济评价。计算投资收益率、投资利税以及静态投资回收期。

（2）经济敏感性分析。该项目的经济敏感性，主要来自牛肉销售价。因此，针对全部投资的评价指标，分别计算牛肉售价上下浮动 5%、10% 时，对经济评价指标的影响。

（3）生态收益。肉牛生产出大量的优质肥料，可培肥地力，增加土壤有机质含量。作物秸秆可作牛饲料，解决秸秆有效利用问题。

（4）社会效益。肉牛场的发展与壮大，进一步促进了农村劳动力就业，有利于提高农民收入。

二、综合型农场

以某有机综合型农场规划与建设为例。以生态农业，特别是有机农业为标准，通过 3~5 年时间，建立一个具有农场自主品牌的现代高端产品产业，涵盖有机农业、观光农业、订单农业等现代农业，构建包括种植、养殖、加工、销售、配送等完整现代农业生产营销体系。

（一）农场选址

熟悉有机农产品生产的要求，按照有机农业生产的技术标准进行选择。

（1）无污染。空气、水源、土壤三个方面都要符合有机农业要求，或经过改良能够达到有机农业要求。

（2）能够满足综合农业模式。包括能种植水稻、玉米、马铃薯等粮食作物和蔬菜，并能创建养殖场、养鸡场和渔场。

（3）当地有较好的有机农业基础。

（4）当地有较充足的农业劳动力。

（5）有方便的水源、电力、道路可以使用。

（二）规划指标

综合性农场规划标准一般包括占地面积、年销售额、总投资、从业人员、主要产品（有机蔬菜、有机水果、有机肉鸡与蛋、有机猪肉、有机淡水鱼）、农业管理用房、其他建筑。

（三）分区建设

有机综合型农场分区，通常有观光农业区、有机蔬菜种植区、果树种植区、有机猪场饲养区、有机肉鸡养殖区、有机鱼养殖区等多个功能区域。

1. 观光农业区　应建设有一定规模的休闲活动中心和休闲度假会所，内容包括：

（1）前期准备。确定基地，取得土地证，明确土地权属、整理土地、有机标准品种选择，取得有机认证时间进度等。

（2）主要产品品种与数量。主要产品包括水稻、蔬菜、水果、猪肉、鸡、蛋、鱼、杂粮八大类。水稻种植 1000 亩，年产量 80 万公斤；蔬菜种植 600 亩，年产量 300 万公斤；水果种植 50 亩，年产量 15 万公斤；猪场占地 200 亩，年出栏 2000 头；鸡场占地 10 亩，年出栏 1 万只；渔场占地 60 亩，年产量 2 万公斤；杂粮种植 500 亩，产量 5 万公斤。

（3）农产品标准。按有机产品标准种植和养殖，生产环境、生产过程不使用化学合成的农药、化肥、除草剂、生长调节剂、饲料添加剂等物质，遵循自然规律和生态学原理，协调种植业和养殖业的平衡，生产过程、加工、贮存、运输以及最终农副产品的产品质量，均符合国家有机农产品标准。计划 3 年有机转换期，3 年后取得有机产品认证。

2. 有机蔬菜种植区　应引进种植有机蔬菜品种。设备成本包括防虫网、塑料大棚、大田改造（设备）、自动浇灌系统；种植成本包括有机肥料、有机农药，栽种、管理、采摘等人工费，水旱地流转金。

（1）有便利的灌溉和排水系统，土质适合种植蔬菜要求；灌溉水达到二类以上水质；土壤中农药、化肥残留，重金属含量在规定范围内。

（2）选择适合当地气候条件的蔬菜品种，适合有机蔬菜种植技术的蔬菜品种，抗病虫害能力强的蔬菜品种。病虫害绿色防控技术有生态杀虫、除害技术，如杀虫灯、防虫网等。生态有机肥技术有植物堆肥、人畜粪便堆肥等有机肥。推广符合有机生产认证的新型生态有机肥。选择合理轮作栽培技术，坚持因时因地制宜的耕作、轮作原则，通过作物品种轮作、间作、休闲、养地、水资源管理与栽培方式配套，造就适合有机生产的农业生态环境。实施全过程生产控制，建立生产档案，统一农业投入品采购与管理，加强产品检测，实行产品标识，实现有机蔬菜生产的全过程控制与监管。

3. 果林种植区 应尽量选择坡度小于 20° 的缓坡地建园，有充足的水源，以利灌溉；排水系统良好，雨水过后能及时排干积水；果园选址避开风口风廊；注意小气候环境，避免在易受冻害的低洼池和风口建园。

（1）果林品种。桃子、梨子、苹果、西瓜等。

（2）占地面积。各品种种植面积以及总体规模。

（3）果林投资。包括果林环境改造、果树苗、人工管理、有机肥料、有机农药、电费等成本。

4. 有机猪饲养区 选择靠近水源、水源丰沛、水质良好的场地。要避开有污染环境的化工厂和污染沟，要与周围已有的猪场相距 1000 米以上，以防相互影响。不要在旧猪场的基础上改旧建新，主要原因是旧猪场都已被病毒和寄生虫所污染。

（1）规模。占地 200 亩，存栏 2000 头，年出栏黑猪 1200 头。其中 40 亩以上土地建猪舍，80 亩猪活动场地，80 亩猪饲料种植地。需要 8 名以上养猪技术工人。

（2）投资预算。新建一个年出栏 1200 头肥猪的自繁自养标准化猪场，投资约 180 万元，每年流转资金 140 万元。其中建种猪舍、育肥猪舍 2400 平方米，约需 72 万元；购产床、限位栏、护仔栏、机械设备及生产工具，约需 4 万元；建围墙、绿化带、消毒室（池）、发酵池、供水供电等配套设备，约需 20 万元；购种母猪 40 头，种公猪 8 头，约需 40 万元；其他周转资金约需 40 万元。生产成本：每年养殖成本共约 175 万元，其中饲料费 140 万元，疫苗、药品费 2 万元，检疫费 2 万元，水电费 2 万元，技术专家及养殖工人工资 20 万元，固定资产折损费 5 万元，其他费用 4 万元。

（3）品种选择。猪苗和种猪全为黑猪，可以选择玉山黑猪、黄淮海黑猪、豫南黑猪或日本鹿儿岛黑猪等。

（4）饲料管理。以有机饲料饲养，禁止使用化学合成的激素、化学合成的生长素、有机磷、有机氯等兽药。

（5）卫生防疫。生猪及场（舍）消毒严禁使用毒性杀虫剂和灭菌防腐药物，防治畜禽疫病所用药物以中药、生物制剂、矿物质为主。

（6）环境保护。做到零排放，不对环境造成污染，采用新型养猪技术，确保无污水、粪便、气味的污染。

5. 有机鸡养殖区 鸡场选址地势高，干燥，平坦，排水好；阳光充足，通风良好，植被覆盖较好，土壤透气性和透水性良好，沙壤土或壤土为宜，不利于病原菌的繁殖。水源充足，水质符合饮用水标准，pH6.5~7.5，硝酸盐浓度低于10mg/L，硫酸盐浓度低于250mg/L。24小时供电，方圆1500米内没有其他鸡场或居民点。

（1）规模。占地面积15亩，存栏鸡5000只，年产鸡蛋60万只。建鸡舍面积6亩，鸡活动场地为5亩（可以果林地共用），饲料种植面积4亩。需要3个以上养鸡工人，固定投资约10万元，每年流动资金约5万元。

（2）养殖方式。以当地的优良品种为主，采用传统的散养模式和新型的发酵床技术。禁止使用各类化学合成激素、化学合成生长素、有机磷和有机氯等兽药。防治畜禽疫病以中药、矿物质、生物制剂为主。场地消毒严禁使用毒性杀虫剂和灭菌防腐药物。

6. 有机鱼养殖区 造场选址应有充足的水源，灌溉不受影响；场区上游无化工厂、造纸厂，没有农田排水，没有二次污染，水质达到饮用水标准；在多雨季节排水要方便，防止溢水跑鱼；场区向阳，鱼塘内90%的溶氧来自浮游植物的光合作用；选择迎风的地方易于水面形成小波浪，可以对水体进行增氧，保证氧溶解；挑选厚土层，可以保证养殖用水不渗漏。

（1）场区规模。如果利用现有水库等开放水域，面积应不低于60亩。如果是人工开挖水塘，每个鱼塘面积应不低于20亩，水深不低于2米，鱼塘总面积60亩。需要4~6名渔场工人。年产各类鱼10000公斤。固定投资50万元，每年投资约10万元，包括人员工资、鱼苗、运输、设备、固定资产投入和管理费等。

（2）饲养方法。低密度养殖，保证鱼类在自然状态下生长繁育。水库等开放水域养鱼，不投入饲料；鱼塘养鱼，坚持少投放饲料，并且只投放有机饲料。

（3）鱼病防治。采用生物防治方法，不使用激素类药物，不违背有机鱼喂养原则。

三、观光休闲型农场

观光农业可以理解为以农村自然环境、农业生态资源、田园景观、生产内容、风土文化为基础，通过整体布局，工艺设计，配套服务等为人们提供观光休闲、增长知识，体验农、林、牧、渔等山村生活的一种农业经营模式。通常包括：观光农园，比如在城市近郊或风景区附近开辟特色果园、茶园、花圃等，让游客入内摘果、拔菜、赏花、采茶，享受田园乐趣；农业公园，即按照公园的经营思路，将农业生产场所、农产品消费场所和休闲旅游场所打造成一体；教育农园，兼顾农业生产与科普教育功能的农业经营形态；此外还有森林公园、民俗观光村等类型。

（一）总体规划

总体规划包括规划目标、规划原则、规划范围三个方面。

1. 规划目标 充分利用优越的交通地理优势，面向城市居民对农村环境和生态、绿色、有机农产品的需求，围绕营造一二三产业集成的多功能园区开展规划设计，实现产业化经营，将基地打造成生态环境优美、科技水平领先、产品质量优良、经济效益显著、经营模式新颖、示范作用巨大的新型农场。努力将基地建设成为颇具影响力的生态农业园、绿色有机食品生产样板示范基地和新农村观光休闲度假基地、城市老年人养生基地，带动周边农村产业结构调整，探索现代庄园经济发展新模式。

2. 规划原则

（1）坚持因地制宜，科学发展原则。依据园区地形、地貌与土壤和小气候特点，选择适宜的农作物，因地制宜布置休闲设施，充分利用现有的农田、山林与水资源条件，营造绿色生态景观。根据当地实际情况及农场发展现状，选择相适宜的开发建设项目，突出重点，彰显特色，打造亮点。

（2）坚持效益优先原则。在注重经济效益的同时，更加注重生态效益和社会效益，实现三大效益的有机统一。在突出农业生产功能的前提下，依据其他功能需要，建设上做到协调统一，使各个生产与景观单元之间能形成合理完整的农业生产、游览服务和生态服务功能。

（3）坚持示范带动原则。努力创建特色突出、优势明显、规模连片、辐射面广、带动力强的现代特色农业精品农场，为现代庄园经济发展起示范带头作用。

3. 规划范围　占地面积200余亩，场地为丘陵山地，土层较厚，气候适宜，雨量充沛，且场内水资源丰富，有一个密集水库，一条依自然山体之势形成的水渠。

（二）功能分区规划

观光休闲农场功能分区，通常有葡萄栽培区、大棚蔬果区、森林养殖区、观鱼池、经济果树苗木区、观赏花卉区、垂钓休闲区、运动健身区、生态餐厅等。

1. 葡萄栽培区　葡萄栽培体验区位于园区东部。在充分利用原有地形的基础上，适当加以改造，营造出一个林木葱郁、硕果累累的景观空间。游客亲身参与采摘环节，体验游玩的乐趣，更能激发购买欲望。

（1）地形设计。该区域内的整体地势较为平坦，应打造成缓坡地形，以利于排水。

（2）种植设计。该区域内主要栽植不同品种的葡萄。不同品种的葡萄不仅可以给园区创造不同的景观空间效果，同时可以给予游客更多的自主选择，带来多种经济效益。

（3）道路交通设计。该区域的道路主要沿果树分隔带环形布置，形成衔接合理的便捷道路系统。

（4）景观设计。该区域是硕果累累的果园景区，游客一走进该区域，就可以欣赏到别样的田园风光以及享受采摘葡萄带来的乐趣。

2. 大棚蔬果区　大棚蔬果体验区位于园区东北部。该区域主要以大棚生产为主，利用大棚的方式栽植草莓，推广产业生产新模式，打造集生态、生活、生存为一体的专业生产区。结合当地特色农业资源，让游客参与农耕生产，激发游客自主劳动的兴趣。

（1）地形设计。该区域的整体地势较为平坦，直接依据自然地形改造为大棚生产区。

（2）种植设计。该区域内主要栽植草莓、西瓜等色泽诱人、味美溢香的蔬果。

（3）道路交通设计。该区域的道路以生产运输为主，结合物流运输，自然地衔接主干道。

3. 森林养殖区　森林养殖体验区位于园区南部。该区域主要采取在林下养殖鸡鸭等家禽，采用在林下放养的方式来养殖，以此满足农庄餐厅的需求，并带来一定的经济效益。

（1）地形设计。该区域的整体地势起伏较大，属于山丘地形，可利用自然山体之势种植经济果树和景观绿化苗木，利用自然林地空间养殖一些小型走兽和家禽。

（2）种植设计。该区域主要栽植不同品种的高产果树和其他经济林木。不同品种、不同类型的树木可以给园区创造不同的景观空间效果。同时也为畜养区提供了良好的生长环境。

（3）道路交通设计。该区域的道路主要沿果树分隔带布置，且游客可以在林中自由穿行，该区域内主要林间小道形成便捷的道路系统。

（4）景观设计。该区域是郁郁葱葱的森林苗木景区，林下散养鸡鸭等家禽。上有果、下有禽，动静结合，有独特的造景效果与园林意境。

4. 观鱼池 观鱼池位于场区中部，该区域主要是养殖一些观赏价值较高的鱼类，如金鱼、锦鲤等，可以供游客观赏，并可购买鱼食投喂，既满足了观赏的需求，又可获得一定的经济效益。

（1）景观设计。该区域内主要养殖一些不同品种的观赏鱼类，灵动的水景，加上鱼类灵活优美的身姿，形成动静相宜的独特视觉感受和听觉效果。

（2）道路交通设计。该区域的道路主要沿鱼塘周围呈环形路布置，与广场结合形成宽敞的道路系统。

（3）休闲观赏功能。观鱼池区域给游人提供了观赏和休闲的功能，供游客观赏与享受喂食之乐，增强自主的体验感和趣味性，同时映衬自然景色，形成热闹的人文景观。

5. 经济果树苗木区 经济果树苗木区主要分布于园区东部和北部，在充分利用原有地形的基础上，适当加以改造，营造出枝繁叶茂、浓荫蔽日、硕果累累的热闹景观效果。

（1）地形设计。该区域属于山丘林地，地形起伏有一定的高差。保留现有地形，改造成山林经济果树苗木种植区。

（2）种植设计。该区域内主要栽植不同品种的经济林树种和果树。不同品种的苗木可以给园区创造出不同的景观空间效果。

（3）道路交通设计。该区域的道路主要沿苗木和果树分隔带布置，形成便捷的道路交通系统。

（4）景观设计。该区域是硕果累累、郁郁葱葱的植物景观区域，以观果树木为主的山体景观，丰硕的果实色香诱人，且观果期长。游客一走进该区域，就可以享受林荫小径给人带来的安逸和舒适感，同时也可以享受采摘瓜果的乐趣。

6. 有机蔬菜栽培区 有机蔬菜栽培区主要分布于园区西南部，在充分利用原有地形的基础上，适当加以改造，营造一个开阔宽敞的栽植空间。

（1）地形设计。该区域内地势平坦，无高差。应打造成规则平整的蔬菜栽培区域。

（2）种植设计。该区域内主要栽植不同品种、不同类型的有机时令蔬菜，如黄瓜、白菜、胡萝卜、苦瓜等。这些有机时令蔬菜不仅可以满足园区的需求，同时也可以创造一定的景观空间效果。

（3）道路交通设计。该区域的道路主要沿蔬菜地边缘布置，供园区管理者及游客采摘游览，形成网状的便捷交通道路系统。

（4）景观设计。该区域是不同品种的蔬菜栽培区域，呈现一片绿意盎然的田园风光，泥土气息浓厚。区域内的蔬果可以给游人带来无限的采摘乐趣，同时也给农庄带来较好的经济效益。

7. 观赏花卉区 观赏花卉区主要分布于园区西部、西北部，在充分利用自然地形的基础上，适当加以改造，营造出一个层次分明、季相变化明显的植物景观空间，创造出四季花开不断、色彩缤纷的景观效果。

（1）地形设计。该区域地势有一定的起伏和高差，依照自然的地形、地势打造成自然山林地。

（2）种植设计。该区域内主要栽植不同品种、不同类型的花卉植物，这些色美花艳的植物给整个园区创造了季相分明的浪漫景观效果。

（3）道路交通设计。该区域的道路呈带状延伸，形成自然的交通道路系统。

（4）景观设计。该区域是花木繁盛的植物景观区域，各种季相分明的景观花卉自然地混合搭配，呈现出一片色彩分明、景色优美、环境舒适的浪漫风光。

8. 垂钓休闲区 垂钓休闲区主要分布于园区中部水库处，在充分利用水库水域的基础上，沿水库布置诸如钓鱼台、观景亭等垂钓休闲设施以供人垂钓与休闲之用，通过一定的改造，营造出一个宁静的垂钓空间。

（1）种植设计。该区域内主要栽植一些不同品种的水生植物，如荷花、睡莲等，再配植一些垂柳、水杉等树种，给整个垂钓区创造出具有一定层次的景观空间效果。

（2）景观设计。该区域主要以垂柳配以一些水生花卉，丰富区域的植物景观和空间感受，以此吸引更多的游人在此停留休闲，发挥多功能效益。

（3）休闲观赏功能。该垂钓休闲区给游客提供了观赏和休闲的场地空间，游客也可以通过钓鱼台和观赏亭亲身体验垂钓的乐趣。

9. 运动健身区 运动健身区主要分布于园区中部，由篮球场、网球场及其他健身设施组成，该区域不仅提升了农庄内工作人员的生活质量，还为游客提供了健身、休闲、度假的功能。

（1）地形设计。该区域内的地形平坦，周边环境优美，为人们健身、休闲提供了一个舒适、宁静的环境。

（2）景观设计。该区域主要通过层次分明的植物和配备齐全的运动设施的结合，为户外运动提供便利的场所，以此来吸引更多的游客进行健身和休闲活动。

（3）健身运动功能。该区域通过营造自然生态、舒适宁静的健身环境，使游客置身于一片绿色之中锻炼身体、舒缓压力，满足了城市居民回归乡村自然生活、调节身心的需求。

10. 生态餐厅 生态餐厅主要分布于园区北部，为游客提供休息、饮食的场所，在植物的掩映下给人一种愉悦舒适的饮食体验。餐厅设计以低碳环保为主，通过绿色生活让游客心情舒畅，在饮食的同时，享受到花草树木的清香。生态餐厅内食用的是自种的蔬菜和自养的家禽。

（1）景观设计。该区域主要通过配备齐全的餐厅用具与层次分明的适合室内栽培的植物相结合，如吊兰、绿萝等植物，为游客用餐提供一个舒适的环境，以此来吸引更多的游客。

（2）景观建筑与小品设计。该区域设置了特色木座椅，餐厅外还设计了生态停车场。

第四节　家庭农场现代农业技术与物流配送

家庭农场建设必须按照农场规则设计方案有序进行。应依据家庭农场的定位与功能布局，充分利用现代高新技术、设施农业栽培技术、现代化农村物流配送体系，加强现代农业基础设施建设，实现农业增收，家庭农场良性发展的目标。

一、农业高新技术在家庭农场中的应用

我国农业正由“资源依存型”向“科技依存型”转变。高新技术向农业领域渗透，是改造传统农业、转变农业增长方式的重要途径。家庭农场是现代农业发展的表现形式，农场的生产、管理、经营应以高新技术为依托，充分利用家庭农场的高科技、高品质、高效益三大特征，展示家庭农场发展的生命力、活力与激情。

（一）农业技术和农业高新技术的定义

农业技术是人类为了满足自身不断增长的物质需要，根据农业生产实践和农业自然科学原理，通过利用和改造生物有机体（植物、动物、微生物）发展创造出来的各种工艺、操作方法和技能。

高新技术是指那些知识、技术和资金密集的新兴技术，既是知识经济时代的重要标志，也是经济增长的核心。与传统的技术相比，高新技术有其显著特点：一是智力密集型和知识密集型；二是需要高额投资且伴随高风险和高收益；三是技术发展快、产品更新周期短，且产业一般呈高速增长态势；四是学科带动性较强，多为交叉学科综合而成。

农业高新技术是高新技术在农业领域的应用，它是农业高技术和农业新技术的总称。农业高新技术是以农业科学最新成就为基础，处于当代农业科学前沿，建立在综合科学研究基础上形成的农业尖端技术，处于国际领先或先进水平。农业高新技术不是一

个静止的概念，是一个动态的概念，即具有时间特性——昨天的高新技术可能被今天的高新技术所取代，同时具有空间特性——是在世界范围内相比较而言的高新技术。

（二）农业高新技术的特征

农业高新技术既具有农业技术固有的一般特点，也具有高新技术与传统技术相结合的新特点。

（1）先进性。由于高新技术研究与发展注重不断创新，所以它本身是一种起点高、水平高的技术，加上其较快的发展速度，与农业生产结合后，就具有超前性的特点，并进一步成为农业技术发展的生长点和新兴产业的先导。

（2）渗透性。农业高新技术与农业常规技术的结合，实质是双方在更大范围和更高层次的技术嫁接，双方借助对方的技术优势，互为依存和发展。

（3）复杂性。为提高农业生产的智能化、信息化和精确性，农业高新技术的孕育与产生不仅要求先进的研究方法和良好的实验手段，而且也需要多学科协同攻关。

（4）高增值与高风险性。由于农业生产技术具有资金需求量大与技术密集的特点，其研制、开发与产业化，必然要求更高的技术层次、人才素质和管理水平。同时，由于高新技术研制多以探索未知超前研究为主，其成功率、可开发性以及市场前景难以把握，加上农业生产的脆弱性，故具有更大的风险性。发展农业高新技术，要有一定的经济实力和敢于冒险的创新精神。

（三）农业高新技术的主要内容

农业高新技术涵盖的范围相当广泛，如培育转基因作物和禽品种技术，运用电子设备和卫生控制农业生产技术、信息农业的网络技术等。农业高新技术中最具有代表性的核心技术有两类：一类是以培育转基因的作物和食品为主要目的的生物技术，另一类是以发展精确农业为主的信息技术。

1. 农业生物技术　农业生物技术是指运用基因工程、发酵工程、细胞工程、酶工程以及分子育种等生物技术，改良动植物及微生物品种生产性状，培育动植物及微生物新品种，生产生物农药、兽药新技术等。

2. 农业信息技术　农业信息技术是指利用信息技术对农业生产、经营管理、战略决策过程中的自然、经济和社会信息进行采集、存储、传递、处理和分析，为农业研究者、生产者、经营者和管理者提供资料查询、技术咨询、辅助决策和自动调控等多项服务的技术的总称。农业信息技术具有宏观、实时、低成本、快速、高精度获取信息的特征，具有高效数据管理及空间分析能力，广泛应用于农业生产与管理的各个环节。

3. 设施农业技术 设施农业技术是采用一定设施和工程技术手段，按照动植物生长发育要求，通过在局部范围改善或创造环境气象因素，为动植物生长发育提供良好的环境条件，从而在一定程度上摆脱对自然环境的依赖而进行有效生产。主要包括：设施栽培，主要设施有各类塑料大棚、各类温室、人工气候及配套设备；设施养殖，主要是畜禽、水产品和特种动物的设施养殖，设施有各类保温、遮阴棚舍和现代集约化饲养的畜禽舍及配套设施设备；设施林业，主要有林业育苗。

4. 节水栽培技术 节水栽培技术是以最少用水量达到增加农作物产量目标的栽培技术，是农作物增产、稳产的前提下，减少灌溉用水量的栽培技术措施，包括滴灌、微灌和喷灌等。

5. 核农业技术 核农业技术是核技术在农业上的应用，主要涉及辐射诱导育种，昆虫辐射不育，肥、农药、水等的示踪，辐射保鲜，农用核仪器仪表等内容。主要应用领域包括土壤和水分管理及植物营养、食品和环境保护、植物遗传育种、动物生产与健康、利用昆虫不育技术防治害虫。

6. 现代农机装备技术 现代农机装备技术是指农业耕、种、管、收全程农机装备技术。比如幼苗机械化有序运移及精准栽植技术及装备，收获方式及物料脱粒、清选技术与装备，稻、油菜籽粒烘干机理及烘干工艺等。

7. 农产品精深加工、保鲜技术 农产品精深加工延长了农业生产链条，增加了农产品附加值，比如小麦制成面粉是初加工，用面粉提取面筋是精加工；农产品保鲜技术包括果品蔬菜采后生理及调控技术、采后病理及控制技术、贮运保鲜新材料、贮运保鲜新设备等。

8. 精确农业技术 精确农业技术是利用全球定位系统、地理信息系统、连续数据采集传感器、遥感、变率处理设备和决策支持系统等现代高新技术，获取农田小区作物产量、影响作物生长的环境因素，以及实际存在的空间、时间差异性信息，分析影响小区产量差异的原因，并采取技术上可行、经济上有效的调控措施，区别对待，按需实施定位调控的“处方农业”。比如精确作业、精确施肥和精确估产。

（四）外国家庭农场高新技术应用

1. 机器人摘果 这种机器人带有电视摄像机，利用镜头上的滤色镜可提高对比度，以区别树叶、树干和果实，通过计算机对图像扫描，迅速确定“目标”，实现快速摘果目的。

2. 灌溉智能化 在美国加州部分地区和美国部分西北地区、以色列的沙漠，采用了全电脑化灌溉系统，以农场气象站准确记下阳光、湿度、雨量、风速等相关数据，经过计算机处理后，高架输水管道即可按需送水，定量灌溉，显著提高了水资源利用率。

3. 养鸡自动化 美国正压高效过滤系统（FAPP）养鸡场利用计算机控制温度、湿度，根据情况自动交换空气，以避免鸡瘟的发生。

4. 全自动挤奶器 当奶牛进入挤奶分隔栏后，红外线传感器即对奶牛的乳房进行刺激，然后挤奶器自动伸向奶头，20 秒即可完成挤奶。

5. 剪毛机器人 先将某只绵羊的体形数据图存入机器人的计算机内，再用一架仿形器即可“引导”剪毛机器人准确地完成剪羊毛工作。

6. 水稻收割自动化 农场工人只需调整自动或半自动化联合收割机的速度和在田间末端控制转弯，其他工作均由计算机自动控制；无人收割机由电脑控制偏差，保证其准确无误地工作。

（五）国内农业高新技术应用

1. 气控开闭大棚 大棚拱架跨度达数百米，高度可达至百米以上。大棚实施气压程控的配套设置，可进行远距离的程控作业。大棚的棚布、遮阳网开启与关闭自如，便于对棚内气温、湿度等需求状况进行合理的调节。

2. 秸秆还田机 适用于平原和丘陵地区作物秸秆粉碎后直接还田，提高土壤肥力。

3. 设施农业生理生态信息检测系统 实时采集室内温度、湿度、光照、土壤温度、二氧化碳浓度等环境参数，同时可以采集果实生长速度、茎秆生长速度、叶面湿度等生物信息参数。可广泛运用于设施农业、园艺、畜牧业等领域。

4. 高效精确自动灌溉施肥机 可在规定的时间内，直接准确地按照用户的施肥要求按比例将肥料注入灌溉系统中，完成大量的多种肥料的配比施肥任务。

5. 温室精准施肥喷药机 科学合理使用化肥与农药，减少化肥和农药对环境的污染。

二、现代农业物质装备建设

农业装备现代化是建设现代化家庭农场的必然要求，农业机械化是必然趋势，家庭农场信息化是农业现代化的必然选择。

（一）进行现代物质装备建设的意义

物质装备现代化是现代农业本质的特征，也是建设现代化家庭农场的必然要求。用现代物质条件装备农业，提高农业水利化、机械化水平，才能提高土地产出率、资源利用率和农业劳动生产率，提高农业整体素质、效益和竞争力。

（1）集约化是发展现代家庭农场的前提。由粗放经营向集体经营转变是农业生产发展的客观规律，土地规模经营模式主要有以下三种：一是通过土地流转经营权实现土地规模经营，二是通过建立股份制合作社实现土地规模化经营，三是通过大面积租赁实现土地规模化经营。

（2）水利化是发展现代家庭农场的基础。“水利是农业的命脉”“有收无收在于水，多收少收在于肥”是对水与农业关系最简要、形象和真实的描述。

（3）机械化是发展现代家庭农场的根本。没有机械化就没有农场现代化。发展农业机械化是提高农业综合生产能力的关键环节，是农场实现规模化生产、集约化经营、标准化管理的根本保证。

（二）现代化物质装备的主要内容

（1）农业机械。现代家庭农场的农机主要包括播种机、耕田机、收割机、谷物烘干机、脱粒机、施肥机、机动喷雾机、农用排灌机械、水稻工厂化育秧设备、粮食加工机械、畜牧养殖机械、渔业机械、园艺机械等。

（2）设施农业。设施农业是指有一定的设施，能在局部范围内改造和创造适宜的动植物生长发育的环境条件而进行的高产、优质、高效生产的农业。设施农业包括简易的地面覆盖（如地膜、增温剂等）、空间隔离（如塑料大棚、玻璃温室等）、屏障（如风障、防风网等）和器械控调（如暖气、鼓风机等）。

（3）自动化控制设备。其设备主要包括精确施肥、精良灌溉、精确播种、病虫防控预警、温室大棚自动化控制等设备。

（4）信息获取与发布。信息获取平台主要包括农场综合信息化服务平台、有线（无线）网络、农场网站等。

（三）如何建立家庭农场信息化管理平台

现代化的家庭农场离不开农场信息化，农场管理离不开信息技术的支撑。不论大型综合性农场、小型单一种养型家庭农场、休闲农场，还是现代农业科技示范园区，都有必要建立信息化管理服务平台。

建立农场信息化管理平台，加强服务与管理，实行生产信息的实时反馈等，对监控生产运作流程、提高农业生产水平有着重要作用。可以通过购买来获取专业化的农场信息化管理平台系统，也可在信息化管理系统中，通过自主开发增加所需要的各个功能模块。以下几个功能模块是必要的：

（1）农业生产管理模块。农田档案管理、作物布局制订与统计、农产品经营管理、生产资料信息服务、成本发生与反馈、财务管理等，将农田电子档案集成于模块之中，登录人员可以根据单位、农田用途等进行明细查询及统计。

（2）成本发生与反馈模块。农场主或农场负责人将每天的农田作业情况及时输入到场部服务器的数据库中，包括作业项目、作业时间、所用生产资料、机械作业成本、生产资料成本、用工成本、水电费、低值易耗品成本等。

（3）财务管理模块。农场经营过程中各种收支采用该系统记账，既可协助管理，又可作为缴税的依据。财务管理模块可为管理提供生产操作评估和记录，也可解决问题和分析相关的可选择的行动方案。

（4）农业生产追溯系统。全场各区域田块的生产管理信息都能详尽地录入数据库，长期保存，为今后建立农产品质量追溯体系、发放“产品身份证”打下坚实的基础。

（5）农产品加工销售模块。销售模块主要有可购买的农场生产的鲜货农产品，以及加工农产品的种类、质量、数量、价格、销售量等信息。

（6）游客接待服务中心。服务中心包括餐饮、娱乐、休闲、养生、运动、体验、住宿、接待用车等事务管理。

三、农村物流建设

农村物流是一个相对于城市物流的概念，是指为农村居民的生产、生活以及其他经济活动提供运输、搬运、装卸、包装、加工、仓储及其相关的一切活动的总称。农村物流具有分散性、季节性、差异性、多样性等特点。

（一）发展农村物流的意义

发展农村物流对农村经济的发展具有极大的推动作用。它不仅可以连通农业的生产与流通，还可在一定程度上解决农村剩余劳动力的问题，增加农民收入，从而提高农民的生活水平。发展农村物流，使农村环境得到改善，人们的收入增加了，生活富裕了，也意味着城乡差距在缩小。

（二）农村物流存在的问题

当前农村物流发展较为缓慢，这与广大农村地区物流意识薄弱相关。农村的农业生产活动主要以农户为单位，生产规模较小，对物流的需求不足且较为分散，一定程度上也制约了农村物流的发展。农产品具有易腐烂变质的特性，无形中加大了包装、加工、运输等工作的难度。

（三）发展农村物流的主要途径

发展农村物流已成为推动农业市场化转型，提高农产品的国际竞争力，增加农民收入的重要途径，可以通过完善城乡配送网络、优化城乡配送组织方式、强化城乡配送技术标准应用等途径，促进农村物流的发展。

1. 完善城乡配送网络

（1）优化城市配送网络。加快构建以综合物流中心、公共配送中心、末端配送网点为支撑的城市配送网络。鼓励根据需求建设集仓储、运输、分拨、配送、信息、交易功能于一体的综合物流中心，强化物流中心的集聚辐射功能。鼓励建设相对集中的公共配送中心，支持仓储、零担运输、电商、邮政、快递等各类企业共建共用，提升配送中心的公共属性。加快建设末端配送网点，丰富零售门店的送取货物功能，完善快递基层服务网点布局，支持邮政综合服务平台建设，发展自助提货设施等末端公共服务点。

（2）完善农村配送网络。健全以县域物流配送中心、乡（镇）配送节点、村级公共服务点为支撑的农村配送网络，鼓励有条件的地区构建公共配送中心和网点直通快捷的网络。支持县域物流配送中心强化资源整合、集散中转、仓储配送等功能。依托乡镇连锁超市、邮政营业场所、客货运站场、快递网点、农资站等网络资源，建设上接县、下联村的农村配送节点。依托农家店、便民店、村邮站、“三农”服务站等末端网点，发展农村公共服务点。农产品主产区乡镇重点建设具有农产品集聚、产地预冷、加工配送等功能的公共冷链设施，从产地高起点发展冷链物流网络。

（3）加强城乡配送网络衔接。发挥区域配送中心衔接城乡的功能优势，形成衔接有效、往返互动的双向流通网络。鼓励跨部门资源共享和跨行业协作联营，推动商贸流通、交通运输、邮政、快递、供销合作、第三方物流等企业向农村延伸服务网络，充分利用农村现有仓配资源，拓展农产品上行物流通道，打造“一点多能、一网多用、深度融合”的城乡配送服务网络。

2. 优化城乡配送组织方式

（1）加快发展集约化配送。发挥第三方物流企业仓配一体化服务优势，融合供应商、实体零售门店、网络零售的配送需求，发展面向各类终端的共同配送。依托物流园区、批发市场等配送需求集中场所，整合零担长途干线运输“落地配”与城市配送资源，发展面向机关单位、工商企业、学校医院等消费团体的集中配送。扩大零售终端网络，整合供应商配送需求，发展面向连锁超市、百货店、专卖店、专业店等零售门店的统一配送。依托专业大户、家庭农场、农民合作社、农业产业化龙头企业等新型农业经营主体，发展面向电商平台和团体消费的农产品批量配送。结合城市交通状况和配送需求，加强商贸、快递与物流企业的协同协作，因地制宜发展夜间配送、分时段配送。创新发展符合个性化、定制化消费的配送方式。

（2）推动各类配送资源协同共享。加快发展公用型仓储设施，强化集货、分拨和配送功能，推动各类配送中心对外开放、共享共用，推动供应链各环节库存统一管理。加强实体商业配送网络与电商、快递等物流配送网络的协同共享，探索在分拨中心、配送中心环节加强合作，推动店配与宅配融合发展。加强末端配送资源共享，促进快递、邮政、商超、便利店、物业、社区等末端配送资源的有效组织和统筹利用。鼓励平台型物流企业和无车承运人的发展。加强配送车辆的统筹调配和返程调度，推广循环取货、返程取货等方式，减少车辆空载率。

（3）推动配送与供应链深度融合。拓展配送功能，加强与生产制造、采购销售、农产品生产等环节的协同衔接。重点发展原材料与零部件的代理采购、库存控制与线边服务；推进配送与集中采购、批发分销、网络零售等功能整合，优化网购商品按区域分布式存储，发展集中仓储和共同配送，实现供、销、配、存、运一体化；深入田间地头，发展农产品集约化、标准化的预冷加工、质量检测、包装赋码、仓储配送、质量追溯与代购代销等服务。

3. 强化城乡配送技术标准应用

（1）加强装备技术推广应用。大力推广集装单元、快速分拣、自动识别、智能仓储等技术，提升仓储配送、装卸搬运、分拣包装等装备技术水平。推广应用无线射频识别、综合识别、集成传感等物联网感知技术，鼓励应用货位管理、可视化、路径优化、供应链管理等智能存储配送技术，提高仓储配送效率。支持应用专业冷藏运输、蓄冷板（棒）、全程温湿度监控等先进技术设备，加强末端冷链设施建设，实现冷链不断链、可监控。

（2）加强标准实施应用。完善配送中心、配送站点建设标准和配送车辆选型标准，推动仓储、配送、分拣、包装、装卸、搬运等环节物流标准的广泛应用。加快建设托盘、周转箱循环共用体系，推广应用标准托盘、周转箱及一贯式作业方式，探索以托盘、周转箱作为装载、作业、计量和信息单元，推进农产品流通从田间地头到超市货架全程“不倒筐、零触碰”。推动配送车辆向标准化、厢式化发展，规范管理快递专用车辆。有条件的城市探索城乡配送车辆“统一标识、统一车型、统一管理、统一技术标准”。

（3）加强信息平台建设与互联互通。加快整合城乡配送公共信息平台，保障信息平台汇集配送需求和运力资源的信息服务功能，提升资源整合、订单管理、配载管理等交易服务功能，拓展车辆调度、路径优化、信用评价、车辆监管、运力调控、绩效统计等管理服务功能。促进城乡配送上下游企业和公共信息平台互联互通，推动跨地区、跨行业的仓配信息融合共享。有条件的城市探索配送平台与交通监管平台的数据交互和统筹管理，探索配送业务管理与肉类、蔬果、水产、酒类、药品等重要产品追溯管理的融合发展。

第四章
家庭农场主培养要求、模式与路径

解决“三农”问题，其中人才的重要性已成为全社会的广泛共识。在全面推进乡村振兴战略之时，作为新型经营主体，家庭农场进入现代化发展轨道，培养有文化、懂技术、会经营、善管理、有素养的家庭农场主是助力农业人才振兴的重要途径。

第一节　家庭农场主素质与能力要求

面对农业农村现代化新目标，家庭农场如何适应新形势，如何适应消费升级和市场需求变化，就需要家庭农场主具备相应的素质和能力，妥善经营、精心管理。

一、家庭农场主素质要求

作为一名新时代合格的家庭农场主，需具备三种素质：成熟的心理素质，诚信经营的素质、较高的科技文化素质。这些素质主要表现为以下几个方面：

1. 强烈的农业创业欲望　家庭农场主首先要爱农业、爱农村、爱农民，没有对“三农”深切的、真诚的热爱是很难在农村成功创业的。创业过程中必然要经历挫折，创业难免要面对失败，家庭农场主要有百折不挠、知难而上、愈挫愈勇的精神。创业很可能经历失败，家庭农场主要做好充分的思想和心理准备，要时刻保持积极乐观、昂扬向上的良好心态，以面对随时可能出现的困难和问题。

2. 开阔的眼界 见多识广是家庭农场主必备的素质。广博的见识、开阔的眼界，会使家庭农场主在创业过程中少走弯路，能使其更容易获得成功。开阔的眼界意味着家庭农场主不但在创业开始可以有一个更好的起步，而且在关键时刻可以改变家庭农场的命运。眼界的作用，不仅显现在家庭农场主创业之初，而且一直贯穿于整个创业过程。一个人的眼界有多广，他的胸怀就有多大，他的事业才会做大。

总的来看，家庭农场主开阔眼界的路径有：第一，阅读。包括网络、书籍、报纸、杂志等。对家庭农场主来说，阅读应成为工作的一部分，一定要具备这种意识。第二，行路。到各地考察学习其他家庭农场主的创业经验，是开阔眼界的好方法。第三，交友。很多家庭农场主最初的创业想法是在朋友的启发下产生的，或是由朋友直接提出来的，然后再与朋友共同创业。

3. 敏锐的商业感知力 家庭农场主敏锐的商业感知力，是指对农业商机的快速反应。商机是非常短暂的，有时就在一瞬间，反应迟缓的人是不适合创业的。少数人的商业嗅觉天生敏感，而更多人的商业感知力则依靠后天培养。如果想在激烈的市场竞争中站稳脚跟，家庭农场主就应该训练自己的商业嗅觉。良好的商业嗅觉，是家庭农场主成功的关键。

4. 明察时势 宏观上，家庭农场主一定要顺应趋势，充分了解国家政策导向。找准了发展方向，顺着政策引导的层面去努力，才可能事半功倍。微观上，家庭农场主要知己知彼，既了解自身能力、特长，又了解竞争对手的情况。家庭农场主在选择农场经营项目时，一定要找适合自身能力、契合自身兴趣、可以发挥自身特长的项目，这样才有利于全身心投入。主观上，家庭农场主要看准市场机会，如市场流行趋势，消费者需求，指明了家庭农场主可以努力的经营方向。

5. 良好的人际网络 每一个家庭农场主创业、经营，都必然要借助其拥有的资源。家庭农场主的资源可以分为外部资源和内部资源两种。内部资源主要是家庭农场主个人的能力、所占有的生产资料及其所掌握的知识和技能，家庭农场主的家族资源也可视为内部资源的一部分。家庭农场主外部资源中最重要的一点就是人脉资源，即家庭农场主构建其人际网络或社会关系网络。一个家庭农场主如果不能建立自己广泛的人际网络，家庭农场经营会很艰难。家庭农场主的人脉资源：一是同学、战友和老乡方面的人脉资源，特别是这些成功创业者的身后往往都有强大的人际网络；二是职业方面的人脉，即家庭农场主在创业之前所建立的各种资源，主要包括项目资源和人力资源。从这两方面入手，成为许多家庭农场主创业成功的捷径。

6. 懂得与他人分享　作为家庭农场主，一定要懂得与他人分享。一个不懂得与他人分享的家庭农场主，不可能将事业做大。对家庭农场主来说，分享是促进自我发展的重要手段。马斯洛需要层次理论将人的需要划分为生理需要、安全需要、社交需要、尊重需要、自我实现需要五个层次。家庭农场主懂得与他人分享，真心分享，公平分配利益，会产生很强的凝聚力。

7. 自我反省纠错　家庭农场经营是一个不断摸索的过程，在此过程中家庭农场主难免会犯错。自我反省是认识错误、改正错误的前提，反省的过程就是学习的过程。

8. 诚实守信　作为家庭农场主，诚信乃立业之本。家庭农场主在创业过程中失去信誉，就会寸步难行。

9. 注重自身文化素质提升　家庭农场的发展离不开农业技术的进步，离不开农业技术的更新和推广。积极参与到新型职业农民培训中，最大限度地提高自身科技文化素质，为家庭农场的发展提供智力支撑。

二、家庭农场主能力要求

作为一名合格的新时代家庭农场主，还应具备以下五种能力：

1. 决策能力　决策能力是家庭农场主根据主客观条件，因地制宜，正确地确定家庭农场的发展方向、目标、战略以及具体选择实施方案的能力。决策能力是一个人综合能力的表现，一个家庭农场主首先要成为一个决策者，良好的决策能力等于良好的分析能力与果断的判断能力之和。

2. 沟通协调能力　一个成功的家庭农场经营者，必须能巧妙地协调好家庭农场内外部关系，尤其要争取当地农业主管部门、市场监督部门、税务部门等政府机构以及商业银行的支持，同时也要争取上游（供应商）、下游（顾客）、员工以及其他公众的理解。这样才能建立一个有利于自己创业的和谐环境，实现多方共赢的合作。

3. 良好的自我学习能力　与传统小农户只专注于生产不同，经营家庭农场需要学习多方面的知识。家庭农场主要有自我学习的意识，切实做到想学、真学、能学。需什么，学什么；缺什么，补什么。要重视知识更新，树立终身学习的意识。

4. 经营管理能力 经营管理能力是家庭农场主成功的保障，是保证家庭农场可持续发展的核心能力，是家庭农场生存、发展的第一要素。家庭农场主要树立先进经营管理意识，要具有现代经营管理理念。

经营管理能力涉及人员的选择、使用、组合和优化，也涉及资金的聚集、核算、分配，还涉及市场信息的收集、分析处理和利用。经营管理能力是一种较高层次的综合能力，是运筹性能力。

5. 专业技术与创新能力 作为家庭农场经营者，要懂专业技术。农村创业项目很多，无论选择种植、养殖、加工或者其他行业，都应了解和掌握其专业技术，技术是农业生产的基础。同时，要能根据市场需求状况的变化，生产适销对路的产品，不仅如此，所提供产品应与竞争对手的产品存在差异化，注重产品创新，是家庭农场持续经营的主旋律。

第二节　家庭农场主培养的主要模式

家庭农场主培养应多管齐下、多措并举，要采取涉农院校、农业行业、农业龙头企业、农技推广机构、社会培训机构多主体协同培养，线上线下教育深度融合，理论教学与实践教学相结合的培养模式。

一、学历教育培养模式

高职学历教育是培养家庭农场主的一个重要模式。为深入实施乡村振兴战略，落实《国家职业教育改革实施方案》和《高职扩招专项工作实施方案》，培养乡村振兴带头人，从2019年开始，农业农村部和教育部启动实施“百万高素质农民学历提升行动计划”。家庭农场主是高素质农民的典型代表，属于学历提升行动计划中的培养对象。要大力依托涉农高职院校开展针对家庭农场主的学历提升行动。涉农高职院校应在乡村振兴战略背景下，加快构建短期培训与学历教育衔接、学历证书和1+X技能证书衔接的培养体系，围绕地方农业主导产业、农业特色产业开展精准培养家庭农场主。一是要针对家庭农场主学习需要，量身定制人才培养方案。二是要针对家庭农场主的实际，遵循农民特点和成人教育规律，采取“农学结合、工学交替”的人才培养模式，农闲季节以专业理论教学为主，农忙季节以生产实践教学为主，按季节循环组织教学，使教学环节与农业生产环节紧密结合。三是要创新教学组织形式，集中教学与分散教学相结合，农忙季节与教学环节相结合，线上教学与线下教学相结合，理论教学与实践教学相结合。四是要改革考核评价方式，综合运用考试、素质评价、技能测试等多种方式对家庭农场主学习成果进行考核。多措并举，为家庭农场主接受高职学历教育创造良好条件和环境。

二、以实训为基础的培养模式

农业生产经营实训基地是培养家庭农场主实际操作能力的重要平台，可有效提升家庭农场主的整体综合素养。不但有助于家庭农场主通过定期培训解决生产经营中遇到的实际问题，还能提升他们参与培训的积极性，更好地投身于深层次的培训。应针对家庭农场主在种植、养殖、种养结合以及休闲农业等生产经营过程中遇到的各种问题加以总结分类，在农业生产经营实训基地进行现场培训。同时，应结合示范引领和现场讲解，提升家庭农场主的整体技能水平。应尽量采取小规模培训模式，培训周期应控制在1～2个月。培训还需结合家庭农场主的业余时间与农业基地作物、畜禽的生长状况，这样才能保证培训的准确性和目的性。

三、通过对农技人员开展培训的间接培养模式

农技人员是农业科技推广的带头人，是农业技术推广与传播过程中的纽带，为农业技术推广起着促进作用。农技人员的能力素质对当地家庭农场主和其他新型职业农民的农业经营效益转化有着直接影响。因此，可以先提升农技人员的综合素质，再通过他们间接提高家庭农场主的综合素质。应对农技人员做好“龙头”培训工作，并定

期进行培训考核。此外，还需做好有关培训技巧方面的指导工作，帮助农技人员到家庭农场主当中顺利推广生产经营技术。例如，为帮助家庭农场主做好农田作物的田间管理，农技人员在农田作物生长关键时期在田间面对面对家庭农场主进行指导，为农场主提供科技后盾，为农田作物的高产稳产提供保障。

四、行业专家下乡培训的培养模式

可针对不同农业生产基地，组织行业专家下乡培训家庭农场主。这种走基层的现场培训可以解决家庭农场主当前面临的实际问题，同时，行业专家还能结合生产经营实际，将新技术、新产品、新市场信息及时传递给家庭农场主。这种互动交流咨询的方式能提升家庭农场主的整体技能水平和综合素养。例如，组织行业专家到以种植水果为主要产业的家庭农场培训，可以直接指导家庭农场主的水果采摘技术和病虫害防治技术，还可以帮助家庭农场主树立现代营销理念，积极开拓线上线下市场。这样不仅能较好地保证水果的品质和销路，还解决了当下农业生产中遇到的问题，提高了生产效率，也提升了家庭农场主的经营水平。

五、依托远程教育资源培训的培养模式

远程教育可最大化地利用多媒体、互联网与通信技术的优势，同时可以节约和降低受训人员的时间和培训费用。远程教育模式应用于家庭农场主培训是培养模式的创新，为提升家庭农场主培训效果提供了良好的技术平台。由于该模式具有覆盖面广、灵活多样的优势，家庭农场主参加学习不受时间与地点的限制，这样可充分发挥学习者的自主性。远程教育应用于家庭农场主培训应有的放矢，既要保证培训的全面性，还需考虑到学习者的接受能力。因此，远程教育应用于家庭农场主培训应遵循通俗易懂、喜闻乐见的基本原则。家庭农场主在学习现代农业技术和理论知识的同时，还能获取与之相关的农业信息，学到与之相关的经营管理理念。为保证家庭农场主培训的层次化，还应建立社区形式的终身学习平台，学习平台中既要设有基础的计算机课程，还要设置涉农课程与实用技术课程、交流平台等。同时，学习平台还应包括观

光旅游农业、休闲农业的规划、开发与建设等内容，突出现代化农业的特点。家庭农场主培训的课程还应包括种植、水产养殖、畜禽养殖、经济管理等主要模块。为保证课程的生动形象、简单易学，授课手段应多样化，并采取视频、图片、文字等多种形式。

第三节　农业高职院校家庭农场主培养路径及对策

推进家庭农场快速发展，对建立集约化、专业化、组织化、社会化相结合的新型农业经营体系，推进区域农业规模经营，转变农业发展方式，提高农业产业效益，具有重要意义。因此，以家庭农场主为骨干的新型职业农民是我国未来解决“谁来种地”“如何种好地”问题的关键所在。面对全面推进乡村振兴战略的重大历史机遇，培养具有自我创业能力和创新意识的家庭农场主，既是储备现代农业人才，充实农村致富带头人队伍的有效途径，也是时代呼唤和历史诉求。农业高职院校应义不容辞地承担起这一光荣使命。

一、农业高职院校家庭农场主培养路径

农业高职院校开展家庭农场主培养，关键在于深化学校农业创新创业教育改革，其培养路径如下：

（一）构建多向耦合的农业创新创业教育课程体系

农业高职院校应着重处理好创新创业教育与学科专业、课堂教学、实践训练间的关系，构建创新创业全过程课程链条。其中的重点是强化课程体系的改革，探索在专业基础教育中植入创新创业基因，补齐依托专业基础的创新创业教育短板，融合理论教育与创新创业实践，促进创新教育与创业教育的衔接。

农业高职院校应坚持将创新创业教育融入人才培养的各个环节，构建显性与隐

性课程相结合的创新创业教育课程体系。根据创新创业人才培养目标和培养规格，构建思维引导类、专业创新类和实践培训类三大类显性课程，以及创新创业基础理论知识、创新创业训练、创新创业实践三个层次的校园文化隐性课程。课程体系应注重专业教育、创新创业教育和实践课程的多向耦合。一是推动创新教育与学科专业教育相融合。在专业课程中增加“专业创新导论”“专业创新思维”等创新教育模块，将培养创新思维融入知识讲授、课堂研讨、课程汇报、课程作业等专业教学各个环节。二是推动创新教育与创业教育相融合。坚持将专业课程的创新思维教育与公选课农业概论、农业创业基础等衔接起来，从创新思维导向创业思维。三是推动创新创业教育的课堂教学与实践训练相融合。建立“实验课程 + 实践项目 + 学术讲座 + 创新竞赛 + 企业实践”的多层次实践教学体系，注重将乡村振兴需要、涉农企业需求、教师科研项目、体系化竞赛活动融入实践教学，打通从创新到创业教育全链条的衔接，建立交叉整合的课程体系。

（二）实施个性化农业创新创业人才培养方案

农业创新创业课程体系的落实，必须打破传统教学组织模式，实施适合专业课程、创新创业课程、创新创业实践耦合的教学组织模式。扫除学校课堂唯一授课方式的篱笆，打破班级、专业乃至学科界限，改革一个专业一套人才培养方案的传统模式，协同农业产业和涉农企业、创新机制、因“班”制宜，多模式、跨专业、多套培养方案实施创新创业教学模式。

农业高职院校应改革创业教育教学模式，多维度培养学生创业能力。一是推进以农业创新为核心的创业教育，构建创新创业融为一体的教育体系。当前已进入“互联网 +”时代，农业高职院校可以采取“课堂 + 网络 + 讲座 + 实践”相结合的教学模式，着重从农业基础理论知识、训练、实践三个层次进行农业创业教学。二是搭建“N+1+N”三级农业创新创业训练孵化平台，即 N 个学院农业创新工作室、一个校内大学生农业创新创业孵化基地、N 个校外训练和孵化平台。三是形成“学校—企业—市场”“三师”指导队伍的“三对一”机制，学校导师重点指导农业技术创新，企业导师侧重农产品（服务）开发，市场导师主要帮助企业市场推广。四是构建“项目 + 竞赛 + 初孵 + 深孵”四位一体的农业创业实践训练链条，引导创业团队与乡镇、创业团队与涉农企业对接融合，项目来自乡镇、企业，成果服务乡镇、企业，搭建“创新兴趣组—创新团队—创业培育—创业初孵团队—创业深孵团队”的项目团队五级培育机制。

（三）构建农业创新创业多维保障机制

农业创新创业教育是在“大众创业、万众创新”的背景下，国家对农村农业智力支持和人才支持提出的新要求，农业高职院校作为培育农业创新创业主力军的主体单位，对未来家庭农场主的培养，尤其要根据新时期创新创业人才培养的需求，全面深入剖析自身的短板和问题，从物理空间、机构设置、体制机制、资源整合等保障条件开展改革，夯实创新创业教育基础。

农业高职院校可成立创新创业学院，统筹学生农业创新创业教育和创新创业资源协同。一是物理空间建设创新。农业高职院校应搭建农业创客空间和农业创业孵化园，积极鼓励农业创业创意构思构想碰撞，并付诸创业实践。创客空间和创业孵化园可设置宣传展示区、教学资源区、创客（创业）团队工作区、校企合作区四大功能区。二是机构设置创新。创新创业学院可采取院务委员会运行方式，协调统筹推进学校创新创业人才培养工作。可由分管校领导担任院长，就业、教学、学工、团委、各二级学院（系部）等负责人担任副院长，创新创业学院下设办公室，配备专门工作人员，提供必备的办公场地，工作经费应单列确保。三是体制机制创新。农业高职院校应做好顶层设计，制订出台农业创新创业人才培养方案、创新创业保障与激励办法、创新创业学分互换及认定机制，搭建学生参与农业科技创新活动及创业竞赛的测评体系，着力鼓励师生投入农业创新创业，探索专业教育与创新创业教育融合。同时，创新创业学院应制订农业创客空间和农业创业孵化园管理办法、创客（创业）团队入驻办法、创新创业基金申请办法等，推动创客空间、创业孵化园有序运营。四是经费扶持。农业高职院校可通过对大学生农业创新创业项目给予资助、对农业创新创业竞赛进行奖励、对农业创新创业成果遴选培育，构建“院—校—省—国”四级创新创业训练项目资助体系，覆盖所有高职专业学生。五是指导创新。农业高职院校可积极引进省级以上农业龙头企业，省级以上示范性家庭农场，农民专业合作社等参与孵化，对感兴趣、有市场前景的创业项目，企业甚至还可以开展风投，打造集技术研发、成果转化、场地注册、政策咨询、培训指导、项目推介、投融资对接等一站式创新创业服务链条，实行“场地＋企业导师＋校内导师＋基金池＋推广平台＋服务团队”“六个一”联动帮扶。六是辅助服务创新。农业高职院校一方面可以通过打造就业创业服务平台、创新创业学院网、创新创业公众号等线上载体，多方位宣传农业创新创业政策，一方面可以通过每年定期开展农业创客季、农业创业节等线下活动及成立大学生农业创业俱乐部、大学生农业创业者联盟等学生社团，给在校大学生未来成长为家庭农场主以启发和带动。

（四）分阶段开展农业创新创业人才培养

农业高职院校创新创业人才培养范围应面向全体高职学生，因此在创新创业课程的日常教学活动中，应当以农业农村基础类的课程内容为主。

第一阶段，培养学生的重心应聚焦于农业农村创业思想形成、创业热情激发及创业环境适应等方面。使学生能够树立良好的农业农村创业观念，进而开展农业创新创业竞赛，利用同涉农企业间的合作来实施相关创新创业项目并落实具体内容。通过此种方式将创业意愿强烈、创业能力较强的学生筛选出来，并对其进行下一阶段的创新创业能力培养。

第二阶段，培养学生农业创新创业实践操作能力。一方面农业高职院校应充分发挥自身创新创业教育资源，一方面凭借与农业行业、涉农企业联合搭建的合作创新创业平台，帮助在第一阶段脱颖而出的学生选取较易操作且便于复制的农业创业项目，进行创业练手，鼓励他们从模拟创业走向真实创业。

第三阶段，农业高职院校应对创业运营情况良好的学生进行深度孵化。一方面可通过争取政府、学校相关创新创业政策支持，并整合学校在创新创业人才培养方面的资源，为创业学生牵线搭桥，优化创业环境；另一方面积极开展一对一或多对一指导，实行农业农村创业精准帮扶。这一阶段的工作关键是让在创业的学生由“杂牌军”变为“正规军”，正式建立属于自己的家庭农场。

二、农业高职院校家庭农场主培养对策

紧密结合现代农业的特点，建立适合农村经济与社会发展的农业生产一线人才培养新模式。

1. 主动调整专业结构　农业高职院校应根据当地农业农村区域经济发展实际，坚持巩固发展农林牧渔类等涉农专业，加大对与农业农村现代化相关的大农业专业创新创业人才的培养力度，并在办学形式和运行机制上大胆改革，将办学与新型农业经营主体的用人需求相结合，通过专业连通产业，彰显“农”字特色，构建涵盖田园综合体、特色小镇、美丽乡村建设的大农业专业格局，积极融入乡村振兴战略宏伟蓝图，为家庭农场主的培养奠定扎实的专业基础。

2. 营造校园农业农村创新创业的浓厚文化氛围　浓厚的校园创新创业文化氛围将给农业高职院校的创新创业教育改革带来极大的推进作用，有利于家庭农场主培养的开展。应当将营造具有鲜明“三农”特征的创新创业文化氛围作为农业高职院校的特色之一。

（1）农业高职院校可以定期在校园开展与农业相关的创新创业活动的政策宣讲，向在校学生系统全面地介绍创新创业的内涵及其相关政策，使学生全方位地了解创新创业的相关信息并树立创业意识和创业信心。同时，加强对农业领域真实创业典型案例的宣传，促进职校学生就业观念的转变。

（2）农业高职院校可以开展“三农”领域名人名家名企进校园的活动，邀请现代农业领域的专家和学者到学校做主题报告，以拓展职校生的创新创业思维。聘请涉农企业高管担任学生创新创业导师，以加强学生创业实践指导。通过双向选择，开展企业需求与学生创业项目相对接的“帮扶结对”活动。

（3）农业高职院校可以定期举办学生创新创业项目评选活动，激励学生主动分析市场需求和农业农村经济发展趋势，促使学生结合专业特点探索具有一定技术含量、与市场紧密对接的农业创业项目和课题，进一步鼓励学生组建创新创业团队，将自己的创新项目和创业思路撰写成创业计划书，并通过产品展示和模拟创业形式将创业设计初步推向市场。

（4）大力开展创新创业社会实践活动，组织有创业意愿的学生对现代农业领域创业成功人士进行跟踪采访，到农业生产基地开展体验活动，使学生切实了解农业生

产经营的现实模式，真实感受创业的艰辛和收获的喜悦。

无论采取何种类型的创新创业宣传手段，归根结底还是为了提升农业高职院校学生创新创业热情，消除疑虑，农业高职院校的教师应积极配合农业高职院校人才培养模式改革，同时也帮助他们获得更多更新更有效果的创新创业资源。

3. 大力培养农业农村创新创业型师资力量 高素质师资队伍是创新创业教育顺利开展的基本条件之一。在教学内容、教学方法、教学手段等方面，创新创业教育与以往普通职业教育存在较大不同，它是一种新兴教育理念，更是农业高职院校人才培养模式的一大转变。农业高职院校教师过去主要是传授专业知识和专业技能，在专业教育兼容创新创业教育方面，可能会不适应。因此，农业高职院校想要全面开展家庭农场主培养，对于创新创业型师资的培养迫在眉睫。

农业高职院校在培养创新创业型师资力量时可以采取内外并举的方式。一方面，在制度上出台鼓励在职教师积极涉足农业农村创新创业办法，允许教师停薪留职创新创业，并将创新创业成果等同于教学和科研成果，创新创业教师与在职教师在职称评聘等方面享受同等待遇，不过创新创业教师必须承担一定量的学生创新创业指导任务；另一方面，积极引进农业企业家和农村致富带头人深度参与创新创业教育，聘请他们担任创新创业导师，设立农业农村创新创业导师工作室并制定考核管理办法，充实创新创业教育师资队伍。

4. 积极开拓校内外农业农村创新创业基地 农业高职院校应当根据不同专业特色，在校园内积极建设农业创新创业实训基地。创新创业实训基地应常年对学生开放，并配有相应师资进行辅导，使其成为创新创业人才的桥头堡和孵化器。

同时，农业高职院校还可以结合当地农业产业结构，与省级以上示范性专业合作社、家庭农场和农业产业化龙头企业建立深度合作，将其挂牌认定为校外创新创业实习基地。多方协同育人，共同培养，优势互补，全程指导。对校外创新创业基地还应定期考核，对积极性不高、效果不理想、合作松散的实习基地应及时更换补充。

在创新创业基地中孵化的农业农村类创业项目，从种养到产品收获再到加工、销售，从规划到经营服务成形再到包装、推广，应完全以学生为主，农业高职院校为辅。学校的职责主要是为学生提供创新创业场所和创新创业指导，引导学生从理论走向实践，从学校走向农村，最终走向市场。

5. 全面推行开放式教学培养家庭农场主　农业高职院校开展家庭农场主培养，应全面推行分组案例教学、情境教学等开放式教学模式，引导学生积极思考，畅所欲言，变被动灌输"要我学"为主动参与"我要学"，能动汲取创新创业的好经验和好方法。在分组案例教学中，所选取的案例应是具有一定代表性且结合本省地域特征的农业农村创新创业案例。此外，案例内容应新颖且有内涵和规律可供提炼，在案例分析和案例讨论中应鼓励并要求学生积极参与，使课堂真正成为智慧碰撞与理念激荡的殿堂。

在情境教学中，可以采用创新创业模拟。创新创业模拟不仅是创新创业教育的实践过程，而且也是创新创业教育的较高层次。创新创业模拟应从寻找农业农村商机开始，再到制订创新创业计划、组建创新创业团队、创业路演、创业融资和创业经营管理。让每个学生都融入创新创业方案设计中来，全方位多维度思考应该如何创建新型农业经营主体，如何管理和经营企业，如何抓住市场痛点，如何满足市场需求，如何获得顾客长期认可与信任。在模拟创业中，教师应经常鼓励并肯定学生的创意，持续激发并保持学生创新创业兴趣。教师要站在更高的层次上去建构、分析、挖掘和总结，这样才能够帮助学生由感性认识上升到理性认识，最终让学生学会自主选择适合的农业农村创新创业项目，并顺利开启属于自己的家庭农场创业道路。

6. 塑造新型农业农村就业观　长期以来，人们对"日出而作日落而息""面朝黄土背朝天""靠天吃饭"等传统农业观念根深蒂固，对农业普遍抱有认知偏见，认为农业是低人一等的职业。这些观念和认知偏见影响了学生对农业高职院校的报考积极性。一部分学生之所以选择就读农业高职院校，一定程度上是由于录取分数相对较低或对院校信息接触较少，而并非出于兴趣或自身意愿做出的选择，因此在家庭农场主培养中塑造新型就业观就显得十分重要。

（1）扭转家庭择业观。家庭是创业者最为坚强的后盾，家庭择业观对农业高职院校家庭农场主培养的影响不容忽视。历史上赫赫有名的浙商、晋商就是因为其家庭崇尚创业，一代又一代人的传承，耳濡目染，家族经济才得以不断壮大，并延续和传承至今。可见，家庭的理解与支持对学生农业农村创业道路的选择起着关键性作用。

党和国家一直高度重视"三农"问题。自 2004 年以来，连续 17 年中央一号文件聚焦"三农"，十九大报告更是明确指出必须始终把解决好"三农"问题作为全党工作重中之重，加快推进农业农村现代化。据此，可通过召开每年一次的新生家长见面会以及建立辅导员寒假家访长效机制，借助座谈会、上门家访和“互联网 +”家访等模式，和家长谈心谈话，帮助家长扭转择业观，让家长意识到农业农村创业也是一种新型的就业方式，对其子女未来的就业期望不应局限于只是获取一份有稳定收入的工作。在此基础上，进而着重围绕党和国家的惠农、利农政策，在学生家长当中积极宣传到农村创业，成为家庭农场主也是一种体面的、有前途的职业选择，让跳出“农门”求学，再回“农门”创业成为当下的社会时尚。

（2）培养学生的“三农”情怀。农业高职院校应引导学生将个人成长与“三农”相联系，顺应时代要求，及时调整人生奋斗目标，科学规划职业生涯。农业农村创新创业不仅是个人成长的需要，还是国家的需要。

可通过构筑课程思政、日常思政、文化思政、网络思政、学科思政“五位一体”大思政格局，让十九大报告提出的乡村振兴战略，以及“三农”战线中涌现出的先进人物事迹入课堂、入脑、入心，着力培养学生热爱“三农”、情系“三农”的大情怀。

第五章 家庭农场的创建与管理

在我国，家庭农场是2012年前后才兴起的新型农业经营主体之一。发展家庭农场是我国农业和农村经济的创新之举，家庭农场是农业生产走向集约化、规模化和现代化的重要载体，对发展现代农业意义重大。

第一节　家庭农场的申请流程

家庭农场是指以农户家庭为基本经营单位，以家庭成员为主要劳动力，从事农业规模化、集约化、商品化生产经营，以农业收入为家庭主要收入来源，由县级农业部门认定并经注册登记的新型农业经营主体。

一、家庭农场的认定标准

家庭农场的认定标准主要围绕四个方面：一是家庭经营。家庭农场经营者主要是农民或其他长期从事农业生产的人员，主要依靠家庭成员而不是依靠雇工从事生产经营活动，不得将所经营土地再转包、转租给第三方经营。除季节性、临时性聘用短期用工外，不得常年雇用外来劳动力从事家庭农场的生产经营活动。二是专业务农。家庭农场专门从事农业，主要进行种养业专业化生产，经营者大都接受过农业教育或技能培训，经营管理水平较高，示范带动能力较强，具有商品农产品生产能力。三是规模适度。家庭农场经营规模适度，种养规模与家庭成员的劳动生产能力和经营管理能力相适应，符合当地确定的规模经营标准，收入水平能与当地城镇居民相当，能实现较高的土地产出率、劳动生产率和资源利用率。以粮食生产型家庭农场为例，各地标准并不一致。比如，安徽省提出家庭农场连片规模应在200亩以上，江苏省提出的是100~300亩，上海市则提出以100~150亩为宜。四是集约生产。家庭农场经营者具有一定的资本投入能力、农业技能和管理水平，能够采用先进技术和装备，经营活动有比较完整的财务收支记录。这种集约化生产和经营能力的提升，使得家庭农场能够取得较高的土地产出率、资源利用率和劳动生产率。

以江西省 ×× 市为例，家庭农场的认定应符合以下标准：

（1）家庭农场经营者应具有农村户籍（即非城镇居民），且年满18周岁，接受过相应的农业技能培训，具有完全民事行为能力。

（2）家庭农场主要劳动力必须以家庭成员为主，无常年雇工或常年雇工数量不超过家庭务农人员数量。

（3）家庭农场经营者必须具备一定的经济实力，自有流动资金在10万元以上，并以农业收入为家庭农场主要收入来源，即农业净收入要占家庭总收入的80%以上。

（4）家庭农场经营的产业须符合县域经济发展整体规划，规模适度，相对集中连片，推广应用新品种、新技术，机械化操作水平较高，标准化程度较高，品牌意识和产品市场竞争力较强。开展农产品“三品一标”认证，依法依规组织开展生产经营活动。从事畜禽养殖的家庭农场须取得《动物防疫条件合格证》，并到县级畜牧兽医行政主管部门登记备案。

（5）家庭农场经营规模须达到一定标准并相对稳定。如，从事粮食作物生产的，土地租期或承包期在5年以上，经营面积50亩以上；从事果业生产的，土地租期或承包期在20年以上，经营面积100亩以上；从事茶叶种植的，土地租期或承包期在20年以上，经营面积50亩以上；从事蔬菜生产的，土地租期或承包期在5年以上，经营面积20亩以上；从事花卉种植的，土地租期或承包期在10年以上，经营面积20亩以上；从事苗木生产的，土地租期或承包期在10年以上，经营面积50亩以上；从事油茶种植的，土地租期或承包期在20年以上，经营面积100亩以上；从事畜牧养殖的，年出栏商品猪200头以上，或年出栏肉牛50头以上，或奶牛存栏10头以上；从事家禽养殖的，年出栏肉鸡或肉鸭5000羽以上，或年出栏肉鹅1500羽以上，或蛋禽存笼2000羽以上；从事水产养殖的，水面租期或承包期在5年以上，经营池塘面积10亩以上，或山塘水库面积50亩以上，或工厂化养殖水面面积1000平方米以上；从事种养结合的，土地租期或承包期在5年以上，年收入10万元以上。

（6）家庭农场经营的土地须取得合法有效的农村土地承包经营权证或土地流转经营权证，且权属无争议。

（7）家庭农场经营活动有比较完整的财务收支记录、畜禽养殖档案、农产品安全生产记录档案。

（8）对周边农户具有明显示范带动效应，产品基本实现订单生产和销售。

二、家庭农场的申请流程

传统农户经营虽然具有适应农业特点的优势，但是也因过于分散和小规模造成农业长期“内卷化”。随着城镇化的迅速发展，农村人口流动导致农村人口数量和结构发生了变化，农村劳动力的老龄化和兼业化，期盼着新的经营模式——家庭农场的出现。土地的流转也为家庭农场的培育提供了空间。未来的农业，家庭农场、专业大户、农民合作社等经营主体将成为国家重点支持的新型农业组织。一般来说，申请注册家庭农场包括以下五个步骤。

第一步：申请。符合家庭农场认定条件的农户向家庭农场经营地的所在村（社区）提出申请，并附带以下材料：①家庭农场申报人身份证明原件及复印件；②填写家庭农场认定申请表；③土地承包合同或土地流转合同复印件；④家庭农场成员出资清单；⑤家庭农场发展规划或章程；⑥其他需要出具的证明材料。

第二步：初审。村（社区）对申报材料和申请农户进行初审，对符合条件的家庭农场，在家庭农场认定申请表上签发意见。

第三步：复审。镇（街道）农村工作部门对申报材料进行复审，提出复审意见，并将材料报送市（区、县）农村工作部门。

第四步：认定。市（区、县）农村工作部门对上报材料进行认定，对认定合格的家庭农场进行登记、建档，并颁发家庭农场证书。

第五步：备案。各市（区、县）农村工作部门对已经认定的家庭农场，报市级农村工作部门备案。

家庭农场具有商事组织属性，按照商事主体法定原则和平等原则，符合认定标准的家庭农场应该向当地工商行政管理机关申请注册登记，可根据自身的发展规模、经营特点和需要，申请登记为个体工商户、个人独资企业、合伙企业或有限责任公司。申请登记为个体工商户的，应采取家庭经营形式；登记为个人独资企业的，投资人应以家庭共有财产出资；登记为合伙企业的，合伙人应分别属于两个以上不同家庭且合伙人之间有亲属关系；登记为有限公司的，股东应是有亲属关系的家庭成员。

第二节　省级示范家庭农场及家庭农场示范县的创建

2014 年，农业部印发《关于促进家庭农场发展的指导意见》，明确要求各地要积极开展示范家庭农场创建活动，建立和发布示范家庭农场名录，引导和促进家庭农场提高经营管理水平。截至 2019 年 9 月，全国已有 28 个省（区、市）出台了示范评定办法，开展了示范家庭农场创建，初步形成了省市县三级示范创建体系。

2019 年中央一号文件强调，要突出抓好家庭农场和农民合作社两类新型农业经营主体，启动家庭农场培育计划。2019 年 9 月，中央农办、农业农村部等 11 部门和单位联合印发了《关于实施家庭农场培育计划的指导意见》，强调以开展家庭农场示范创建为抓手，以建立健全指导服务机制为支撑，以完善政策支持体系为保障，实施家庭农场培育计划，按照“发展一批、规范一批、提升一批、推介一批”的思路，加快培育出一大批规模适度、生产集约、管理先进、效益明显的家庭农场，为促进乡村全面振兴、实现农业农村现代化夯实基础。该《意见》提出，到 2022 年，支持家庭农场发展的政策体系和管理制度进一步完善，家庭农场生产经营能力和带动能力得到巩固提升。强调要完善登记和名录管理制度，加强示范家庭农场创建和开展家庭农场示范县创建。

省级示范家庭农场，是指发展理念新、产品质量优、经营效益好、技术水平高、带动能力强，能够对全省家庭农场发挥榜样作用的家庭农场。江西省家庭农场数量由2013年的6000家增长到2021年的9.2万余家，其中省级示范家庭农场总量达1050家以上，呈现雨后春笋般的发展态势。具体呈现出四个特征：其一，家庭农场经营类型趋向多元化；其二，家庭农场经营者结构趋向合理化；其三，家庭农场经营规模趋向适度化；其四，家庭农场生产经营趋向利益联结化。发展家庭农场已经成为具有长期从事农业生产经营意愿的农户、返乡创业者的共识。

一、省级示范家庭农场的申报

申报省级示范家庭农场，在满足“自愿申报、择优推荐、逐级审核、动态管理”的原则下，还应符合下列受理条件。

（一）申报条件

须经县级以上农业行政部门认定并在注册登记部门登记，有营业执照，有生产经营场所，有家庭农场牌子，实行财务核算管理的家庭农场。家庭农场根据所从事的行业分为种植型、养殖型和种养结合型三种，且达到适度规模标准并相对稳定。

具体而言，参加省级示范家庭农场认定的必须符合家庭农场认定标准，专业从事农业生产经营3年以上，原则上是市级示范家庭农场，并具备以下条件：①经营者素质高；②基础设施完善；③经营管理规范；④产品质量安全；⑤经济效益明显；⑥示范带动力强。

（二）申报材料及审批流程

申报省级示范家庭农场的认定需要提供以下材料：①省级示范家庭农场申报表；②登记备案或营业执照复印件；③土地流转合同；④生产设施用房、附属设施用房，或其他服务生产经营用房的证明材料；⑤农场生产经营收支记录或财务会计报表；⑥农场执行的生产标准及相关管理制度；⑦农场参与或直接进行的绿色、有机认证及商标注册等证明材料；⑧属于市、县级示范家庭农场的证明材料（由市、县农业农村部门提供）。

审批流程（见图 5–1）。

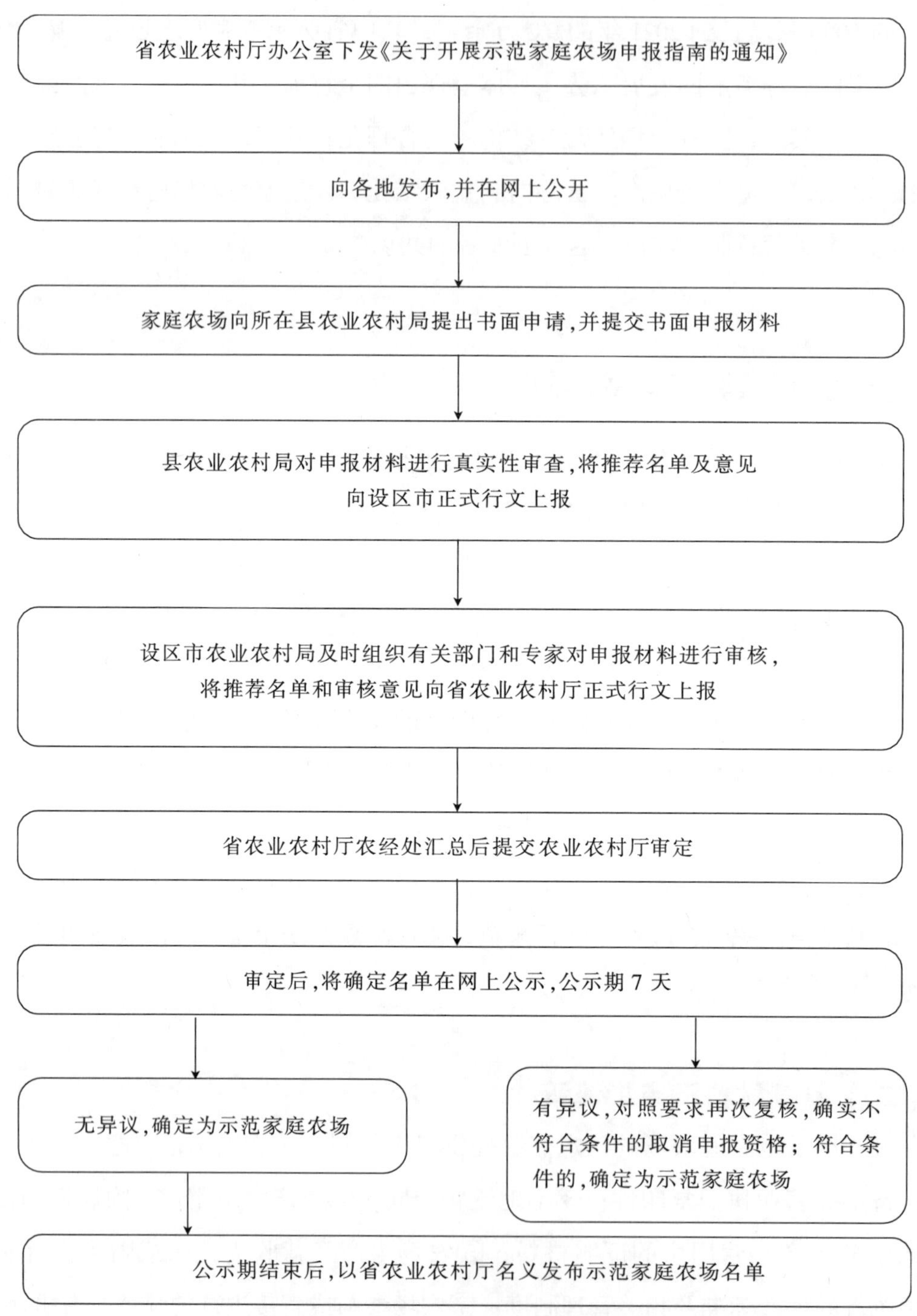

图5–1　省级示范家庭农场的申报流程

（三）动态管理

省农业农村厅组织开展对省级示范家庭农场进行监测核查，实行动态管理，确保质量。对评审合格的保留省级示范家庭农场称号；因经营不善、不配合监测、停止经营、发生重大农产品质量安全事故等情形的，取消省级示范家庭农场称号。

（四）省级示范家庭农场补助项目

2017 年，中央财政首次安排专项资金 1.2 亿元支持家庭农场发展。2018 年，中央财政投入专项资金扩大到 5 亿元。2019 年中央财政投入资金继续扩大，并带动地方不断加大投入力度。2018 年，全国有 16 个省（区、市）安排省级专项资金扶持家庭农场。2019 年以来，湖北省各级财政扶持家庭农场资金累计近 3 亿元，融资贷款贴息 2000 万元，主要用于农田基础设施建设、仓储烘干设施建设和贷款贴息等。江苏省财政每年拿出 9000 万元帮助约 1000 家家庭农场改善基础设施、购置农机具等。2018 年，湖南省财政贴息 952.62 万元，家庭农场累计贷款 36 亿元。

对省级示范家庭农场的资金扶持，以江西省为例，优先支持选入农业农村部重点推介典型案例的省级示范家庭农场、优先支持青年农场主和大学生返乡创业创办的省级示范家庭农场、优先支持赣南等原中央苏区和特困片区的省级示范家庭农场。省级示范家庭农场的扶持比例应占 70% 以上。2020 年，每个省级示范家庭农场项目安排财政资金 10 万元。

二、家庭农场示范县的创建

家庭农场示范县是指在全省范围内，县级党委、人民政府高度重视，政策支持体系健全，管理措施到位，基础条件完备，发展成效显著，示范带动力强的县（市、区）。

家庭农场示范县的创建，可以树立一批推动家庭农场发展的示范典型，建立健全整县培育发展工作机制，系统完善整县培育发展政策支持体系，探索形成家庭农场高质量发展模式，示范引领，带动全省家庭农场发展水平整体提高和现代农业高质量发展。

（一）组织管理部门

家庭农场示范县创建工作由省级农业农村部门组织实施，市级农业农村部门负责推荐工作，县级人民政府负责申报工作。

（二）基本条件

创建家庭农场示范县应具有以下基本条件：①科学规划编制；②扶持政策完善；③工作体系健全；④基础条件完备；⑤发展成效明显；⑥示范带动力强。

（三）认定程序

家庭农场示范县创建认定按下列程序办理：①由县级人民政府向市级农业农村部门提出书面申请，填写《××省家庭农场示范县申报表》（见表5-1），附本县家庭农场发展情况、发展规划等综合材料；②市级农业农村部门对提出书面申请的县（市、区）进行现场考察和专家初步评审，以正式文件报省农业农村厅；③省农业农村厅组织开展对县（市、区）的申报材料进行综合审核，并组织厅内行业主管部门选派专家进行现场考察和专家评审。评审结果经公示无异议的，由省农业农村厅认定为家庭农场示范县，并发文公布、颁发牌匾。

（四）监督管理

对于被认定的家庭农场示范县，省、市级农业农村部门将加强政策指导和动态管理，国家及省级有关涉农项目、财政资金、人才培养、信贷资金等优先支持，并每3年复核一次。对复核不合格者，取消其示范称号，收回牌匾。

（五）家庭农场示范县的创建鼓励

以江西省为例，依据《关于实施家庭农场培育计划的若干意见》（赣农办字〔2020〕1号），支持有条件的地方围绕优质稻、蔬菜、果业、茶叶、中药材、畜牧业、水产业、休闲农业与乡村旅游、油茶九大产业发展工程，依托粮食生产功能区、重要农产品生产保护区、特色农产品优势区、现代农业产业园和绿色有机农产品示范县创建等工作，创建家庭农场示范县。每年择优推介一批家庭农场典型案例，总结推广各地培育家庭农场的好经验好模式。按照国家有关规定，对为家庭农场发展做出突出贡献的单位、个人进行表彰。

表5-1　××省家庭农场示范县申报表

申报单位：（盖章）　　　　　　　　　　　　　　　　申报时间：　　年　　月　　日

<table>
<tr><td colspan="2">申报县名称</td><td colspan="4"></td></tr>
<tr><td colspan="2">联系单位</td><td colspan="4"></td></tr>
<tr><td>单位负责人</td><td></td><td>电话</td><td></td><td>手机</td><td></td></tr>
<tr><td>联系人</td><td></td><td>电话</td><td></td><td>手机</td><td></td></tr>
<tr><td>通信地址</td><td colspan="3"></td><td>邮编</td><td></td></tr>
<tr><td colspan="2">全县总人口（万人）</td><td></td><td colspan="2">全县农业人口（万人）</td><td></td></tr>
<tr><td>全县农业年总产值（万元）</td><td></td><td>全县家庭农场年总收入（万元）</td><td></td><td>全县农村居民人均可支配收入（元）</td><td></td></tr>
<tr><td>全县农用地总面积（万亩）</td><td></td><td>全县家庭农场经营面积（万亩）</td><td></td><td>年度安排专项资金数额（万元）</td><td></td></tr>
<tr><td colspan="2">全县家庭农场数（个）</td><td></td><td colspan="2">全县总村数（个）</td><td></td></tr>
<tr><td colspan="6">全县家庭农场发展基本情况摘要（主要包括发展成效、做法、经验，发展规划、政策措施、管理体制机制、基础设施建设等）</td></tr>
</table>

（续表）

县级专家评审意见	（盖章）负责人签名： 年　月　日
县级人民政府意见	（盖章）负责人签名： 年　月　日
市级农业农村部门意见	（盖章）负责人签名： 年　月　日
省级农业农村部门意见	（盖章）负责人签名： 年　月　日

第三节 农产品“三品一标”认证与注册

2021 年 3 月 18 日，农业农村部印发《农业生产“三品一标”提升行动实施方案》（以下简称《实施方案》），推进品种培优、品质提升、品牌打造和标准化生产。《实施方案》提出，到 2025 年，建设绿色标准化农产品生产基地 800 个、畜禽养殖标准化示范场 500 个，打造国家级农产品区域公用品牌 300 个、企业品牌 500 个、农产品品牌 1000 个，绿色食品、有机农产品、地理标志农产品数量达到 6 万个以上，食用农产品达标合格证制度试行取得积极成效。这是对农业生产“三品一标”概念的一次全新阐释和升级。落实到农产品层面，要大力发展绿色、有机、地理标志农产品生产，推行食用农产品达标合格证制度。农产品“三品一标”，是指无公害农产品、绿色食品、有机农产品和农产品地理标志。

“三品一标”是政府主导的安全优质农产品公共品牌。中国无公害农产品的开发始于 21 世纪初，是在适应我国加入世贸组织和保障公众食品安全的大背景下推出的，农业农村部为此在全国启动实施了“无公害食品行动计划”。绿色食品产生于 20 世纪 90 年代初期，是在发展“高产优质高效”农业大背景下推动起来的。有机食品是国际有机农业宣传和辐射带动的结果，其认证系统与国际接轨。农产品地理标志是借鉴欧洲发达国家的经验，是推进我国地域特色优势农产品产业发展的重要举措。

一、无公害农产品的认证

无公害是人们对食品质量安全最基本的需要，是最基本的市场准入条件，普通食品都应达到这一要求。

（一）无公害农产品的概念

无公害农产品，是指产地环境、生产过程和产品质量符合国家有关标准和规范的要求，经认定合格获得认定证书并允许使用无公害农产品标志的未经加工或者初加工的食用农产品。无公害农产品与绿色产品和有机食品相比，是最低的一个等级认证，但也是农产品质量安全管理的重要内容。

（二）无公害农产品标志

无公害农产品标志主要由麦穗、对号和“无公害农产品”字样组成（见图 5-2）。

图5-2　无公害农产品标志

（三）无公害农产品的组织与运行

2018 年，中共中央办公厅、国务院办公厅《关于创新体制机制推进农业绿色发展的意见》，启动无公害农产品认证制度改革，将产地认定与产品认证合二为一，下放到省级农业农村部门负责，目前尚无统一标准。以下为 2007 年农业部审议通过的《无公害农产品管理办法》的认证标准。

1. 认证机构　农业农村部负责全国无公害农产品发展规划、政策制定、标准制修订及相关规范制定等工作，中国绿色食品发展中心负责协调指导地方无公害农产品认定相关工作。省级农业农村行政主管部门负责组织实施本辖区内无公害农产品的认定审核、专家评审、颁发证书及证后监管等工作。

县级农业农村行政主管部门负责受理无公害农产品认定的申请，县级以上农业农村行政主管部门依法对无公害农产品及无公害农产品标志进行监督管理。

2. 运行方式　2001 年，在中央提出发展高产、优质、高效、生态、安全农业的背景下，农业部提出了无公害农产品的概念，并组织实施“无公害食品行动计划”，各地自行制定标准，开始了当地的无公害农产品认证。随后，在此基础上实现了“统一标准、统一标志、统一程序、统一管理、统一监督”的全国统一的无公害农产品认定。无公害农产品的认定不收费，具有社会公益性质，推行的是“标准化生产，投入品监管，关键点控制，安全性保障”管理制度，目的是解决大宗农产品消费安全和市场准入问题。目前，在有条件的省份已实行无公害农产品产地认定与产品认定一体化工作模式。

3. 申请材料 符合无公害农产品产地条件和生产管理要求的规模生产主体，均可向县级农业农村行政主管部门申请无公害农产品认定。生产主体即申请人应当提交以下材料：①申请人的姓名（名称）、地址、电话号码；②产品品种、产地的区域范围和生产规模；③无公害农产品生产计划；④产地环境说明；⑤无公害农产品质量控制措施；⑥有关专业技术和管理人员的资质证明材料；⑦保证执行无公害农产品标准和规范的声明；⑧无公害农产品产地认定证书；⑨生产过程记录档案；⑩认证机构要求提交的其他材料。

4. 标志使用 无公害农产品认定证书有效期为 3 年。期满需要继续使用的，应当在有效期届满 3 个月前提出复查换证书面申请。在证书有效期内，当生产单位名称等发生变化时，应当向省级农业农村行政主管部门申请办理变更手续。

获得无公害农产品认定证书的单位，可以在证书规定的产品及其包装、标签、说明书上印制或加施无公害农产品标志；可以在证书规定的产品的广告宣传、展览展销等市场营销活动中、媒体介质上使用无公害农产品标志。无公害农产品标志应当在证书核定的品种、数量范围内使用，不得超范围和逾期使用。获证单位应当规范使用标志，可以按照比例放大或缩小，但不得变形、变色。当获证产品产地环境、生产技术条件等发生变化，不再符合无公害农产品要求，获证单位应当立即停止使用标志，并向省级农业农村行政主管部门报告，交回无公害农产品认定证书。

二、绿色食品的认证

随着我国人民生活水平的提高和消费理念的转变，无污染、安全、优质营养的绿色食品，越来越受到人们的青睐。根据中国绿色食品发展中心数据显示，2018 年中国绿色食品国内销售规模为 4557 亿元，2019 年中国绿色食品国内销售额达到 4656.6 亿元，同比增长 2.19%。从出口方面看，近年来，中国绿色食品出口额整体呈现出不断增长的趋势，2018 年中国绿色食品出口金额约为 32.1 亿美元，2019 年中国绿色食品出口金额约 41.31 亿美元，同比增长 28.69%。

（一）绿色食品的概念

绿色食品是指产自优良生态环境、按照绿色食品标准生产、实行全程质量控制并获得绿色食品标志使用权的安全、优质食用农产品及相关产品。绿色食品标准分为两个技术等级，即 AA 级绿色食品标准和 A 级绿色食品标准。

其中，AA 级绿色食品标准要求：生产地的环境质量符合《绿色食品产地环境质量标准》，生产过程中不使用化学合成的农药、肥料、食品添加剂、饲料添加剂、兽药及有害于环境和人体健康的生产资料，而是通过使用有机肥、种植绿肥、作物轮作、生物或物理方法等，培肥土壤、控制病虫草害、保护或提高产品品质，从而保证产品质量符合绿色食品产品标准要求。

A 级绿色食品标准要求：生产地的环境质量符合《绿色食品产地环境质量标准》，生产过程中严格按绿色食品生产资料使用准则和生产操作规程要求，限量使用限定的化学合成生产资料，并积极采用生物学技术和物理方法，保证产品质量符合绿色食品产品标准要求。

（二）绿色食品标志

绿色食品标志由三部分构成，即上方的太阳，下方的叶片和中心的蓓蕾，象征自然生态；颜色为绿色，象征着生命、农业、环保；图形为正圆形，意为保护、安全。整个图形描绘了阳光照耀下的蓬勃生机，告诉人们绿色食品是出自良好生态环境的安全、无污染食品，能给人们带来强劲的生命活力。绿色食品标志还提醒人们要保护生态环境，保障食品安全，构建人与自然和谐的关系。

绿色食品标志是由中国绿色食品发展中心在国家工商行政管理局商标局正式注册的质量证明商标，用以证明绿色食品无污染、安全、优质的品质特征。它包括绿色食品标志图形、中文“绿色食品”、英文“GREEN FOOD”及中英文与图形组合的共四种形式（见图 5–3）。

图5–3 绿色食品标志

（三）绿色食品标志的组织与运行

绿色食品认证是政府推动与市场运作相结合，质量认证与商标使用权转让相结合的方式，由中国绿色食品发展中心负责认证和管理。

1. 登记部门 绿色食品标志是依法注册的证明商标，受法律保护。县级以上人民政府农业行政主管部门依法对绿色食品及绿色食品标志进行监督管理。中国绿色食品发展中心负责全国绿色食品标志使用申请的审查、颁证和颁证后跟踪检查工作。省级人民政府农业行政主管部门所属绿色食品工作机构负责本行政区域绿色食品标志使用申请的受理、初审和颁证后跟踪检查工作。

2. 运行方式 绿色食品标志使用证书是申请人合法使用绿色食品标志的凭证，应当载明准许使用的产品名称、商标名称、获证单位及其信息编码、核准产量、产品编号、标志使用有效期、颁证机构等内容。绿色食品标志使用证书分中文、英文版本，具有同等效力。

3. 申请材料 申请使用绿色食品标志的产品，应当符合《中华人民共和国食品安全法》和《中华人民共和国农产品质量安全法》等法律法规，在国家工商总局商标局核定的范围内，并具备下列条件：①产品或产品原料产地环境符合绿色食品产地环境质量标准；②农药、肥料、饲料、兽药等投入品使用符合绿色食品投入品使用准则；③产品质量符合绿色食品质量标准；④包装贮运符合绿色食品包装贮运标准。

（1）申请使用绿色食品标志的生产单位（以下简称“申请人”），应当具备下列条件：①能够独立承担民事责任；②具有绿色食品生产的环境条件和生产技术；③具有完善的质量管理和质量保证体系；④具有与生产规模相适应的生产技术人员和质量控制人员；⑤具有稳定的生产基地；⑥申请前3年内无质量安全事故和不良诚信记录。

（2）申请人应当向省级工作机构提出申请，并提交下列材料：①标志使用申请书；②产品生产技术规程和质量控制规范；③预包装产品包装标签或其设计样张；④中国绿色食品发展中心规定提交的其他证明材料。

4. 标志使用 绿色食品标志使用证书有效期3年。标志使用人在证书有效期内享有下列权利：①在获证产品及其包装、标签、说明书上使用绿色食品标志；②在获证产品的广告宣传、展览展销等市场营销活动中使用绿色食品标志；③在农产品生产基地建设、农业标准化生产、产业化经营、农产品市场营销等方面优先享受相关扶持政策。

未经中国绿色食品发展中心许可，任何单位和个人不得使用绿色食品标志。禁止将绿色食品标志用于非许可产品及其经营性活动。

三、有机农产品的认证

有机农产品生产的前提和基础是有机农业。与常规产品生产不同的是，有机农产品对种子来源、基地隔离带、转换期、动物福利、质量管理体系建立等方面的要求有严格规定。由于有机农业生产过程中不允许使用化学合成的农药、化肥、生长调节剂、饲料添加剂等物质，因此，有机农产品的安全能够有更好的保障，营养和健康也会有较好的保证。

（一）有机农产品的概念

有机农产品是指根据有机农业原则和有机农产品生产方式及标准生产、加工出来的，并通过有机食品认证机构认证的农产品。有机农业的原则是在农业生态系统能量的封闭循环状态下生产，全部过程都利用绿色能源，而不利用生态农业以外的资源化肥、农药、生产调节剂和添加剂等，影响和改变农业的生态循环。有机农业生产方式是利用生态系统内动物、植物、微生物和土壤4种生产因素的有效循环，不打破生物循环链的生产方式。有机农产品是纯天然、无污染、安全营养的食品，也称为“生态食品”。

（二）有机农产品的认证与标志

有机认证是有机农产品认证的简称。我国的有机产品标志分为“中国有机产品”认证标志（见图 5-4）和“中国有机转换产品”认证标志（见图 5-5）两种，标志图案主要由三部分组成，即外围的圆形、中间的种子图形及其周围的环形线条。“中国有机产品”图形主体颜色为绿色和橙色，“中国有机转换产品”图形主体颜色为褐色和橙色。

图5-4　中国有机产品标志

图5-5　中国有机转换产品标志

（三）有机农产品认证的组织与运行

有机农产品是社会化的经营性认证行为，因地制宜、市场运作。其认证机构为公司或企业，目前我国有 20 多家认证机构。

1. 登记部门　国家认证认可监督管理委员会负责全国有机产品认证的统一管理、监督和综合协调工作。地方各级质量技术监督部门和各地出入境检验检疫机构按照职责分工，依法负责所辖区域内有机产品认证活动的监督检查和行政执法工作。国家推行统一的有机产品认证制度，实行统一的认证目录、统一的标准和认证实施规则、统一的认证标志。国家认证认可监督管理委员会负责制定和调整有机产品认证目录、认证实施规则，并对外公布。国家认证认可监督管理委员会按照平等互利的原则组织开展有机产品认证国际合作。开展有机产品认证国际互认活动，应当在国家签署的国际合作协议内进行。

2. 运行方式　有机产品认证是一种社会化的经营性认证行为，其过程重在对生产过程的控制，强调生产过程的相对独立及体系内部能量与物质的循环，实行检查员制度。一般情况下，企业在申请有机产品认证过程中都需要经历一个转换期，即从按照有机产品标准开始管理至生产单元和产品获得有机认证之间的时段。转换期因产品不同而不同，一年生植物的转换期至少为播种前的 24 个月，草场和多年生饲料作物的转换期至少为有机饲料收获前的 24 个月，饲料作物以外的其他多年生植物的转换期至少为收获前的 36 个月。

3. 申请材料 有机产品认证机构经国家认证认可监督管理委员会批准，并依法取得法人资格后，方可从事有机产品认证活动。认证机构实施认证活动的能力应当符合有关产品认证机构国家标准的要求。从事有机产品认证检查活动的检查员，应当经国家认证人员注册机构注册后，方可从事有机产品的认证检查活动。

有机产品生产者、加工者，可以自愿委托认证机构进行有机产品认证，并提交有机产品认证实施规则中规定的申请材料。认证机构不得受理不符合国家规定的有机产品生产产地环境要求，以及有机产品认证目录外产品的认证委托人的认证委托。

4. 标志使用 国家认证认可监督管理委员会负责制定有机产品认证证书的基本格式、编号规则和认证标志的式样、编号规则。认证证书有效期为 1 年。中国有机产品认证标志应当在认证证书限定的产品类别、范围和数量内使用。认证机构应当按照国家认证认可监督管理委员会统一的编号规则，对每枚认证标志进行唯一编号（以下简称“有机码”），并采取有效防伪、追溯技术，确保发放的每枚认证标志能够溯源到其对应的认证证书和获证产品及其生产、加工单位。获证产品的认证委托人应当在获证产品或者产品的最小销售包装上，加施中国有机产品认证标志、有机码和认证机构名称。获证产品标签、说明书及广告宣传等材料上可以印制中国有机产品认证标志，并可以按照比例放大或者缩小，但不得变形、变色。

四、建立地理标志农产品注册

“民以食为天”，人们更愿意选择某些特定地点生产的农产品，如涪陵榨菜、金华火腿、赣南脐橙等。一看到这些农产品的名称就能让人想到相应的生产地区，以及这一产地的农产品所具备的风味独特、广受欢迎的特质。消费者把地理标志理解为代表产品原产地和品质的标志，许多地理标志已获得富有价值的声誉。地理标志不同于注册商标，注册商标具有排除他人使用该商标的权利，地理标志则是告诉消费者一件产品是在某地生产并具备该地产品的良好特性。在地理标志所指的地方生产其产品，并且其产品共有特殊品质的所有生产者均可使用这一地理标志。

因此，在一个地域的家庭农场应该根据当地特性来生产优质的农产品，而家庭农场主应该联合起来，到相关主管部门申请并争取获得农产品的地理标志，这样不仅可以促进农场增效、家庭增收，而且有助于家庭农场的可持续发展。

（一）农产品地理标志的概念

农产品地理标志，是指标示农产品来源于特定地域，产品品质和相关特征主要取决于自然生态环境和历史人文因素，并以地域名称冠名的特有农产品标志。

地理标志是知识产权法律制度的重要内容，实施地理标志注册的农产品将受国际保护。通过注册农产品地理标志，实施品牌化管理战略，不但有利于提高农产品的品牌知名度，增强特色优势，而且还能促进农产品质量的提高和产品结构的延伸，提升当地区域经济的效应。

（二）农产品地理标志

农产品地理标志实行公共标识与地域产品名称相结合的标注制度（见图 5-5）。图案由“中华人民共和国农业农村部”中英文字样、“农产品地理标志”中英文字样和麦穗、地球、日月图案等元素构成。公共标识基本组成色彩为绿色和橙色。

图5-5　农产品地理标志

（三）农产品地理标志的组织与运行

我国对农产品地理标志实行登记制度，经登记的农产品地理标志受到法律保护。农产品地理标志的登记不收取费用，对于符合条件的，逐层逐级向农业农村部门申报即可。

1. 登记部门　农业农村部负责全国农产品地理标志登记保护工作，农业农村部农产品质量安全中心负责农产品地理标志登记审查和专家评审工作。省级人民政府农业行政主管部门负责本行政区域内农产品地理标志登记申请的受理和初审工作。农业农村部设立的农产品地理标志登记专家评审委员会负责专家评审。

2. 运行方式 农产品地理标志登记管理是一项服务于广大农产品生产者的公益行为，主要依托政府推动，登记不收取费用。《农产品地理标志管理办法》规定，县级以上地方人民政府农业行政主管部门应当将农产品地理标志管理经费编入本部门年度预算。县级以上地方人民政府农业行政主管部门应当将农产品地理标志保护和利用纳入本地区的农业和农村经济发展规划，并在政策、资金等方面予以支持。按照农业农村部的要求，农产品地理标志要立足传统农耕文化和特殊地理资源，科学合理规划发展重点，规范有序登记保护，确保主体权益、品质特色和品牌价值。

3. 登记条件 申请地理标志登记的农产品，应当符合下列条件：①称谓由地理区域名称和农产品通用名称构成；②产品有独特的品质特性或者特定的生产方式；③产品品质和特色主要取决于独特的自然生态环境和人文历史因素；④产品有限定的生产区域范围；⑤产地环境、产品质量符合国家强制性技术规范要求。

农产品地理标志登记申请人由县级以上地方人民政府根据下列条件择优确定：①具有监督和管理农产品地理标志及其产品的能力；②具有为地理标志农产品生产、加工、营销提供指导服务的能力；③具有独立承担民事责任的能力。

4. 标志使用 经专家评审通过且公示无异议的，由农业农村部做出登记决定并公告，颁发《中华人民共和国农产品地理标志登记证书》，公布登记产品相关技术规范和标准。农产品地理标志登记证书长期有效。符合农产品地理标志使用条件的单位和个人，可以向登记证书持有人申请使用农产品地理标志。使用农产品地理标志，应当按照生产经营年度与登记证书持有人签订农产品地理标志使用协议，在协议中载明使用的数量、范围及相关的责任义务。农产品地理标志登记证书持有人不得向农产品地理标志使用人收取使用费。

五、家庭农场开发农产品“三品一标”的意义

2007 年年底，农业部《农产品地理标志管理办法》以第 11 号部长令的形式发布，

“三品”正式升级为“三品一标”。“三品一标”经过10多年的发展，在提升农产品质量安全水平、引领农业标准化生产、打响农业品牌知名度等方面做出了重要贡献。

（一）提高农产品质量安全水平

“三品一标”注重产地环境监控和生态保护，推行有机肥替代化肥，生物防治替代农药，特定产地来源等，能有效提升农产品质量安全水平及市场竞争力。调查显示，市场消费者对“三品一标”农产品的综合认知度已超过80%，产品销售价格平均增长7%以上。特别是绿色有机农产品平均价格增幅在20%以上，部分有机农产品价格增幅超过50%。

（二）引领农业标准化生产

按照农产品“三品一标”认证标准要求，农产品在产前、产中、产后均须实施规范化管理。因此，农产品“三品一标”同常规农产品相比，突出特点是生产经营主体明确，规模化和组织化程度高。通过推行标准化生产和全程控制，实施严格的产地认定和农产品合格证制度，加上取证后的严格监管，实现了上市产品“生产有记录、流向可跟踪、信息可查询、质量可追溯”，以保证生产的规范化和产品的安全性。当然，也意味着品牌更响，价格更高。

农产品“三品一标”的认证，既是消费者判定农产品质量安全的重要依据，也是农产品生产经营者差异化竞争、获取竞争优势的重要工具。和传统农户相比，作为新型农业经营主体，家庭农场具有规模化经营与企业化管理的优势，通过认证注册农产品“三品一标”，能够以点带面引领地方农业标准化生产。

（三）打响农业品牌知名度

获得农产品“三品一标”认证，等于拿到一张纯金名片，将对家庭农场产品的市场认可度起到积极的影响。2020年以来，江西省深入践行“绿水青山就是金山银山”的理念，立足绿色生态这一最大财富最大优势最大品牌，以全国绿色有机农产品示范基地试点省创建为契机，聚焦目标任务，压紧压实责任，强化要素保障，凝聚工作合力，加快推进绿色有机地理标志农产品发展，绿色食品和地理标志农产品分别突破

1000 个和 100 个大关。其中，发挥财政激励作用，出台绿色有机地理标志农产品认证奖补政策，统筹 1000 万元用于绿色有机地理标志农产品奖补，统筹 800 万元用于新增省级绿色有机农产品示范县创建奖补。组织专家分区分片开展线上、线下技术服务，指导农业生产主体加快绿色有机农产品认证、推进绿色有机农业生产。

第四节　家庭农场的产品营销管理

营销管理过程是一个计划和实施的过程，具体包括产品和服务的设计、定价、推广分销分拨等，目的是通过交换来满足个人和组织的需求。家庭农场是一种新型的经济组织，同时也是一种新型的农业经营主体，利润创造是家庭农场持续生存和发展的基础，因此，家庭农场的产品营销管理应以市场为导向。这就要求农场主充分掌握家庭农场农产品的主要销售市场分布，能够根据各大农产品批发市场的价格波动情况及时地适当调整农产品价格，顺应市场导向，加强品牌建设，以推广家庭农场的知名度，提升家庭农场农产品的品牌价值。同时，运用“互联网 +”，开发农产品网络营销新模式，拓宽家庭农场农产品价值链。

下面围绕家庭农场产品定价、家庭农场产品营销模式、家庭农场品牌创建、农产品直播电商展开介绍。

一、家庭农场的产品定价

家庭农场经营者给自己农场生产的农产品定价，直接关系到农场生产经营者的收益水平。农产品价格制定得恰当，能够促进农产品的销售，提高家庭农场的盈利；反之，会制约需求，降低收益。很多家庭农场在为农产品定价时，简单地认为价格等于成本加上一定的利润，其实不然。需要明确影响农产品定价的主要因素，才能制定出科学合理的农产品定价策略。

（一）影响农产品定价的主要因素

在市场经济条件下，农产品价格对农产品市场供求和消费者购买行为有着重要的影响作用。卖方在制定农产品价格时最关心的是补偿产品成本后仍有利可图。一般来说，产品的价格由生产该产品所正常消耗的各种资源、缴纳的税金和合理的利润构成，进入流通领域后，还要包括流通费用以及流通环节所缴纳的税金和利润。因此，产品价格由生产成本、流通费用、企业利润和税金四个要素组成，产品价格＝生产成本＋流通费用＋企业利润＋税金。其中，生产成本和流通费用所得产品成本是产品价格的下限，产品价格只有在产品成本之上，家庭农场才有获利的可能。影响定价决策的内部因素包括企业定价目标、产品成本、市场和需求、竞争对手、国家政策。

1. 定价目标　新开发的农产品品种和大众化消费的品种是不同的。一般认为定价目标似乎都是获取尽可能高的市场份额和利润，但这只是经营主体长远的整体目标，具体到某一时期为某一产品定价时，其定价目标归纳起来有以下几点。

（1）维持生存。即以保持家庭农场能够继续营业为定价目标。适用于农产品产量过剩，或面临激烈竞争，或试图改变消费者需求的时候。按照这一目标，只要价格能够补偿可变成本和固定成本，家庭农场就能继续留在行业中，靠收回的资金维持营业，重新夺取市场。这种定价目标只能作为特定时期内的过渡性目标，一旦出现转机，将很快被其他目标所代替。

（2）利润最大化。即家庭农场追求一定时间内可获得的最高利润。追求利润最大化并不意味着给产品制定最高价格，这是因为，家庭农场赢利来自全部收入扣除全部成本的余额，而不是单位产品价格中包含的利润水平。过高的价格会抑制需求，降低产品销售，影响企业利润。所以，利润最大化更多地取决于合理价格所推动产生的需求量和销售规模。追求利润最大化的定价目标是以良好的市场环境为前提。当家庭农场及其产品在市场上享有较高知名度、处于竞争的有利地位时，这一定价目标是可行的。

（3）提高市场占有率。市场占有率是家庭农场经营状况和竞争实力的综合反映，赢得最高的市场占有率之后将享有最低的成本和最高的长期利润。当具备下述条件之一时，家庭农场就可考虑通过低价来实现市场占有率的提高：第一，市场对价格高度敏感，低价能刺激需求的迅速增长。第二，生产与销售的单位成本会随着生产数量和经验的积累而下降。第三，低价能吓退现有的和潜在的竞争者，而不至于引起价格大战，造成两败俱伤。

（4）保持产品质量最优化。一些生产和经营优质名牌产品的家庭农场往往采用这一定价目标。家庭农场通过考虑产品质量领先这样的目标，在生产和市场营销过程中始终贯彻产品质量最优化的指导思想。这样就要求家庭农场用高价格来弥补高质量和研究开发的成本。与此同时，家庭农场还应考虑一些附属的目标，如实现预期的投资回收率、适应价格竞争、稳定价格、维护家庭农场形象等。

2. 产品成本 产品成本是家庭农场能够为其产品定价的最低限度，产品定价必须能够补偿产品生产、销售和促销的所有支出，并补偿家庭农场为产品承担风险所付出的代价。主要成本类型有以下几种。

（1）固定成本。固定成本是指在一定的生产经营范围内，不随产品种类及数量的变化而变动的成本费用，如厂房、建筑物、机器、设备等固定资产的折旧，管理人员的工资，产品开发费用等。

（2）变动成本。变动成本是随产品种类和数量的变化而变动的成本费用，包括原材料、燃料、辅助材料、储运费用、工人的工资等。

（3）总成本。总成本是全部固定成本与变动成本之和。管理部门希望制定的价格至少能够补偿在既定生产水平下的生产总成本。

（4）平均固定成本。平均固定成本是指每一单位产品中所包含的固定成本，是全部固定成本与总产量之比。

（5）平均变动成本。平均变动成本是指每一单位产品中所包含的变动成本，是全部变动成本与总产量之比。

（6）平均成本。平均成本是总成本与总产量之比，即单位产品成本。

家庭农场定价决策的一项重要内容，就是确定定价时应以何种成本为依据。就长期而言，产品价格不应低于平均成本，否则家庭农场将难以生存；就短期而言，产品价格必须高于平均变动成本，否则亏损额将随销售量的增长而增加。

3. 市场和需求 与成本决定价格的下限相反，市场和需求决定价格的上限。

（1）市场结构类型。按竞争程度的不同，市场结构有四种模式，在不同的市场结构条件下，产品定价的自由程度也不相同。

一是完全竞争。在完全竞争的市场条件下，卖主和买主只能是价格的接受者，而不是价格的决定者。因此，市场营销调研、产品开发、定价、广告及促销活动几乎不发挥作用。

二是完全垄断。完全垄断是指在一个行业中某种产品的生产和销售完全由一个卖主独家经营和控制。该卖主可以是政府垄断者，或私人管制垄断者，或私人非管制垄断者。这三种情况下的定价各不相同：政府垄断可以有各种定价目标，产品价格可高可低，如与大众生活关系密切的产品，价格定得低于成本，这是因为该种产品对于无力支付的买主很重要；有些产品的价格定得较高，以限制消费。对于受管制的垄断者，政府对其定价要加以调节和控制。非管制垄断者有完全的定价自由，但是他们并不总是设定最高限度的价格，这是因为怕引起竞争，或想凭借低价加速市场渗透。

三是垄断竞争。垄断竞争即垄断与竞争并存的市场，是一种介于完全竞争和完全垄断之间的市场结构，是一种不完全的竞争。这一市场由许多买主和卖主组成，但各个卖主所提供的产品有差异，有些是质量、花色、式样和服务的差异；有些是品牌效应引发的差异。不同品牌产品虽然实质上没有什么差异，但买主因受广告、宣传、包装等的影响，主观上认为它们有差异，并愿意为这些差异支付不同的价格，因而企业能控制其产品价格。也就是说，在垄断竞争的条件下，卖主已不是消极的价格接受者，而是强有力的价格决定者。

四是寡头竞争。寡头竞争是指某种产品的绝大部分由少数几家大企业生产或销售，它是介于垄断竞争与完全垄断之间的一种市场结构，也是一种不完全竞争。在寡头竞争的市场上，商品价格不是由市场供求关系决定的，而是由寡头们协商操纵的。如果某一经营主体单独提高价格，就可能失去市场；如果某一经营主体降价竞销，就会立刻遭到对手的反击，引起价格大战，其结果是两败俱伤。因此，任何一个寡头经营主体决策时都会密切注意其他寡头的反应和决策。

（2）市场需求。给产品定价不但要考虑家庭农场目标、生产成本和费用等因素，而且必须考虑市场供求状况和需求弹性。第一，市场的供求关系。一般情况下，市场以供求关系为转移，商品供过于求时价格下降，供不应求时价格上升。但在完全竞争市场上，受供求规律的自发调节，产品只能随行就市定价。第二，需求价格弹性。需求价格弹性与商品供求状况有着直接的关系。商品供不应求，价格在一定范围内上升不会对需求产生大的影响；商品供大于求，其需求价格弹性就大。价格降低可吸引较低层次的需求，大幅度增加销量。不同产品的需求量对价格变动的反应不同，如果价格的变化几乎不影响需求，那么该产品的需求为无弹性或需求价格弹性小；如果价格的细小变化引起需求的变化很大，我们就说该产品需求有弹性或需求价格弹性大。

4. 竞争对手 影响产品定价的另一外部因素是竞争对手的产品和价格。一般来说，价格太低，无法赚到利润；价格太高，不能产生需求。家庭农场在定价时必须采取适当的方式，掌握竞争者所提供的产品质量和价格。如果产品与竞争品品质大体相同，价格也应大体一致，否则就会失去市场；如果产品与竞争品相比质量较高，那么，产品价格就可以定得较高；如果产品的质量较低，则价格就应定得低一些。家庭农场应该及时掌握竞争者价格变动的有关信息，并作出明智的反应。

5. 国家政策 由于农产品的价格直接关系到人民生活和国家安定，因此各国政府都在不同程度地加强对物价的管理，控制物价总水平的波动幅度。目前我国对绝大多数产品的价格已经放开，但对关系国计民生的产品的价格仍然进行监管。政府可以通过行政、法律、经济等手段对家庭农场产品的定价及对社会整体物价水平进行调节和控制，因此，国家政策也是家庭农场定价时必须考虑的因素。

（二）农产品定价策略

给农产品定价时，除了要考虑影响价格的因素外，还应该考虑产品本身的特点以及价格对消费者心理和购买欲望的影响。归纳起来可以采取以下几种定价策略。

1. 新产品价格策略 新产品定价的难点，在于无法确定消费者对于新产品的理解价值。如果定价过高，难以被消费者所接受，新产品进入市场就会遇到波折；如果定价过低，则会影响到家庭农场的收益。常见的新产品定价策略，有撇脂定价策略、渐取定价策略和中间定价策略三种。

（1）撇脂定价策略，也称高额定价策略。采用该策略的企业一开始便高价厚利，其做法很像从牛奶的表层撇取奶油，故得此名。这种策略适用于创新产品和信息产品，使用这种策略能快速收回投资，避开跟进者的模仿和复制。比如一部电影在新推出时会在全球同时高价公映，后期票价就很低了。

（2）渗透定价策略，也称渐取价值策略或低额定价策略。与撇脂定价策略刚好相反，企业在向市场推出新产品时，尽量把价格定得低一些，薄利多销，等站稳市场再把价格提高。比如可口可乐公司低价或免费把饮料提供给“二战”中的士兵，等士兵们都习惯了这种口味、离不开这种饮料的时候，再把价位提高。这种定价策略不但提高了知名度和美誉度，并迅速地占领了市场，还赚得盆满钵满。

（3）中间定价策略。这是介于“撇脂”与“渗透”之间的定价策略，即按照本行业的平均定价水平或者按当时的市场行情来制定价格，是一种“随大流”的策略。

2. 折扣价格策略　依据市场行情、季节变化，以及销售数量的变化，以一定的折扣价格进行市场销售。

（1）数量折扣。为了促销，很多商家采用打折、“买一赠一”、积分优惠等办法。积分优惠既能促销又能留住顾客，是一种不错的销售方式。

（2）季节折扣。有的商品销售有旺季和淡季之分，在旺季可以把价格定得高一些，在淡季则需要降价促销，以减少库存或快速回笼资金。如夏装在冬季会降价，冬装在夏季会降价。

（3）现金折扣。为了快速回笼资金，有时候可对现金支付给予一定的折扣。比如房地产开发商给一次性付清房款的买房者 1%~3% 的折扣。

（4）业务折扣。生产商为了扩大销路和稳定销售渠道，可以给销售商一定的折扣。比如图书市场的出版商半价把图书批发给经销商，经销商又以封面上的价格“明码标价”地把图书卖给购书者。

3. 心理价格策略　人们在做出选择时并不总是“理性”的，有时也受心理因素的影响而带上一些“感性”的色彩。

（1）组合定价策略。将价格相差不大的相关商品统一定价。比如“10 元店”“20 元店”，把一些日用品集中到一起统一定价，消费者会觉得方便和便宜。

（2）小数定价策略。商品的价格留有小数，精确到角或分。比如某药品的价格为 10.38 元，这可以让消费者感觉厂商已经精确计算过成本，童叟无欺。

（3）整数定价策略。这种定价策略多用于奢侈品的定价，把无关紧要的零头去掉或者取为整数。比如根据完全成本加定价得到的结果是 10015 元或 9977 元，最好是定为 10000 元。因为 10015 元不好看，而 9977 元更无法体现出“五位数”的“风光感”。另一种情况是利用人们对数字的偏好心理，“吉利”定价。比如，某名表定价8888元或9999元。

（4）期望与习惯定价策略。有的商品的价格大家都非常清楚和习惯，比如食盐和牙膏的价格。这类商品，提价则无人问津，而降价则会引发消费者对产品质量的质疑。

（5）特价品定价策略。大型商城和超市每天都有特价品销售，但并不是每种商品都特价，主要目的是吸引消费者去光顾。一般说来，消费者到了商场以后并不会只买特价品，其他需要的商品也会一同买回去，这是商家“吃小亏占大便宜”的聪明之举。

4. 相关商品价格策略 根据彼此之间的关系，可以把商品分为互补品和替代品。互补品是功能上有联系且互相依赖的商品，如小汽车和汽油。对于互补品来说，可以把其中一种商品的价格定得低一些以吸引顾客，而把另外的商品价格定得高一些以赚到利润。比如吉利品牌的刀架非常便宜，而刀片的价格就定得不菲，不但补回了刀架的损失而且还赚到了可观的利润。替代品是可以互相取代或部分取代的商品，如猪肉价格贵的时候，人们可能就会把目光转向鸡肉、羊肉或牛肉。替代品定价的效应会此消彼长，因此不可轻易作价格调整。

二、家庭农场产品营销模式

家庭农场农产品营销是指农产品从家庭农场向终端消费者的流通过程，整个过程以家庭农场为开端，以消费者的购买为终点，中间由部分经销商和代理商参与，最终实现产品所有权的转移。家庭农场以消费者的需求为核心，在农产品销售的过程中包括了农产品采集、生产、加工、运输、零售、批发和服务等全部营运活动。家庭农场农产品营销模式主要有以下几种：

（一）农产品直挂营销模式

农产品直挂营销模式是指家庭农场与终端消费者直接达成采购协议，家庭农场不再依靠中间商来进行农产品交易，从而减少农产品的流通环节。这种营销模式一般适合经济发展缓慢，或者以区域性交易为主的地区，不需要任何外部环节，只采用简单的运输工具运送到集市上，直接销售给消费者，省去了中间环节的费用和差价，降低了消费者的购买成本。不过，这种营销模式受到地域的限制，空间有限，市场的需求量小，在供给大于本地需求的情况下，农产品便会出现压价或者滞销的情况，影响家庭农场增收。同时，在经济相对落后以及交通不便的地方，直挂营销模式的建设难度非常大。这种营销模式只适合零散的、小规模的农产品销售。

（二）多层次的营销渠道模式

随着经济的高速发展，我国农产品营销渠道有了一定的拓展，但是规模小、碎片化及组织化程度低仍是目前我国农产品营销渠道的主要特点。由于信息搜集与处理能力不强，在剧烈变化的市场中，独立的家庭农场很难建立或者找到完全符合自身农产品特点与生产方式的营销渠道，更多时候还是依靠农产品经销商一层层地建立渠道，中小型家庭农场对经销商的依赖十分严重。这种多层次的营销模式因农产品经过的环节太多，且各层经销商都会进行利润附加，导致消费者最终买到的农产品价格相比农户的批发价翻了几倍，因此容易造成市场价格信号机制失灵。一些偏远地区则出现了批发商定价完全从利益角度出发、随意加价的现象。这种以中间商为桥梁的营销渠道模式，不利于中小型家庭农场增加收入，也在一定程度上侵害了消费者的利益。

（三）订单销售的营销渠道模式

订单销售是指合作社、企业、超市等与家庭农场签订购买合同，家庭农场按照合同的规定，长期稳定地将农产品销售给对方。这样，既保证了农产品的定向销售，企业、超市等也有了稳定的货源，有利于自身的稳定和发展需要。家庭农场将农产品销售后，企业和超市可以对初级农产品进行加工和包装，提高农产品的附加价值延伸产业链条。另外，在合作过程中，家庭农场可以了解更多的市场信息，根据市场的需求种植农产品，可以将土地的价值利益最大化。避免盲目种植，规避农产品销售难、价格低的困境。

三、家庭农场产品品牌创建

农产品品牌的建立有助于提高农产品的附加值，特别是近年来兴起的绿色、有机、营养健康型农产品，是农业供给侧结构性改革的重要体现。对于消费者而言，农产品品牌为其选择精致农产品提供了重要信息，建立起了对农产品安全的信心。从长期来看，农产品品牌更有利于安全可追溯系统的建立，促进农产品质量标准化的进程。创建家庭农场产品品牌，首先要做好农产品市场调查，结合农场自身的技术、管理、运营经验多维度深入研究。通过调研细分出适合发展的目标市场，进而结合一线农产品的品牌定位，塑造出家庭农场自身的独特品牌定位。

（一）市场调研

市场调研一般分为调研准备（界定市场调研问题、初步分析、编写市场调研方案）、调研设计（确定调研项目、设计调研方法、设计调研问卷、预调研）、调研实施（开始全面广泛地收集与调研活动有关的信息资料）、调研资料处理（汇总、归纳、整理和审核收集到的市场信息，并对资料进行初步加工）四个阶段。

市场调研采用的方法可以分为：

（1）访问法。先拟定调研提纲，然后采用提问的方式请被调研者回答，收集信息和资料。如“颐阳补酒”为了深入了解消费者的反馈，采用电话访问的形式，调研消费者对该产品口味的评价以及是否需要回购等信息。

（2）观察法。观察法是社会调研和市场调研的最基本方法，直接观察并收集资料，也可以安装仪器进行收录和拍摄被调研者的行为和语言。在农产品品牌的市场调研中，一方面观察法能够客观地获取准确性较高的第一手资料，另一方面由于调研面较窄，对调研员的要求也高。

（3）实验法。实验法是由调查人员根据调研的要求，将调研的对象控制在特定的环境条件下，用实验产品进行小规模销售，对其进行实验和观察以获得相应的信息。用以观察该品牌的产品质量、规格、包装是否受欢迎，或者了解产品的价格是否被用户接受。目前常采用的农产品产销会、新产品试销等都属于实验调研法。

（二）STP 战略

通过市场调研，家庭农场分析了目标市场的特征，为市场营销奠定了基础。所谓目标市场营销，是指家庭农场根据一个市场上不同消费群体的不同需求特征，将市场进一步细分为若干个子市场，选择其中一个或几个子市场作为自己的目标市场，发挥自己的资源优势，更好地满足子市场消费群体的需要，以提高市场竞争力。目标市场营销包括以下三个相互关联的步骤：市场细分（Segmentation）、目标市场选择（Targeting）和市场定位（Positioning），故称“STP”营销。

1. 市场细分　所谓市场细分，是指按照一定的标准，将一个市场划分为两个或两个以上的子市场。子市场又称为“细分市场”，一个细分市场内的消费者具有类似的需求特征。市场细分能够帮助家庭农场认清市场现状，根据不同消费者特点有针对性地开展经营活动，综合地分析竞争对手的优势与劣势，帮助家庭农场准确地寻找合适的目标市场，制定出正确的营销战略。

可以根据消费者的购买行为和农产品品牌的市场经营的实际状况进行细分。消费者市场细分的依据实际就是消费者所具有的明显特征、造成消费者需求特征多样化的因素，它们几乎都被视为市场细分的依据和标准。一般认为细分主要的依据是人口因素、地理因素、心理因素和行为因素。例如，按照人口细分标准，“完达山脑立方核桃乳”在市场调研后将市场细分为“三四线城市经常用脑人士”市场、学生儿童市场和中老年市场；按地理细分标准，“江南一绝豆腐乳”将市场细分为南方市场和北方市场。

通过市场细分可以发现市场的空白点。虽然目前农产品市场基本处于饱和状态，但其饱和是相对的，由于消费者需求存在多样性、持续性，若对农产品市场深入挖掘，则终会找到市场空白点。以郑州蔬菜市场为例，从表面看蔬菜经营者众多，蔬菜品种数量处于饱和状态，但是随着人们生活水平的提高，追求生活品质的意愿越来越强，通过市场细分发现，一些文化层次高且收入较高的消费者愿意选择高质高价的有机蔬菜。调研结果显示：企事业单位干部、科研人员、私企职员更愿意购买有机蔬菜，而郑州市有机蔬菜市场存在数量少、品种不全、品质不佳等特点，难以形成规模化和效益化的市场，无法满足高层次人群的需求。

同时，通过市场细分可以精准选择目标市场。选择目标市场是家庭农场出入市场时应首先关注的问题，而选择合适的目标市场就必须进行市场细分，家庭农场针对众多消费者的消费心理、消费行为、职业特点、所处地理环境进行差异化分析，可将消费者分为不同群体。家庭农场可以根据自身优势，选择适合自己经营的目标市场，开展目标市场营销。

此外，通过市场细分可以快速发展农产品市场。每一个家庭农场都有自己的经营优势，若能在目标市场集中发挥自身经营优势，则可保持在目标市场的竞争实力。例如，一些养殖型家庭农场将所有资源和资金用于搞专业化养殖，从而保持自身的竞争优势，就是这一策略的体现。四川某家庭农场，在对鸡类消费者市场进行市场细分的基础上，避开大众消费者，选择了追求营养品质的高端消费者，从而集中所有优势生产放养的、不喂饲料、绿色无公害的土乌骨鸡，成功获得了高端市场的欢迎。

2. 目标市场选择 市场细分为家庭农场找出了各种市场机会，接下来，要弄清哪些细分市场值得进入，进而确定目标市场。目标市场的选择，是指家庭农场从潜在的几个目标市场中，根据一定的要求和标准，选择其中某个或某几个目标市场作为可行的经营目标的决策过程。通过对不同细分市场进行评估，企业可考虑的目标市场模式一共有四种。

（1）市场集中化。市场集中化有两种情形，一是产品集中化，即生成一种规格或样式的产品。二是市场集中化，即专门为一个细分市场服务。集中营销能使家庭农场深刻了解该细分市场的需求特点，从而获得强有力的市场地位和良好声誉。如“江南一绝豆腐乳”专注于做豆腐乳，“祖明豆奶”专注于做早餐豆奶。

（2）产品专门化。产品专门化是指集中生产一种产品，并向所有顾客销售这种产品。例如，“好想你”枣专注于生产枣，向消费者提供了“红枣醋饮”“奇特香枣”“早生果”“红枣人参茶”等几十种规格的枣类产品，能充分满足不同消费群体的各种需求。产品专门化的方式通常能使家庭农场比较容易地在某一产品领域树立起很高的声誉，而且有很大的发展空间。

（3）市场专门化。市场专门化是指专门服务于某一特定顾客群，尽力满足他们的各种需求。例如“康贤籼米”专门为患糖尿病的消费者提供无糖型籼米，其富含天然膳食纤维，为非转基因食品，更好地保留了对人体有利的碳水化合物，满足了糖尿病消费者对“少糖”的健康需求。

（4）选择专门化。选择专门化是指选择几个细分市场，每一个对家庭农场的目标和资源利用都有一定的吸引力，但各个细分市场批次之间很少或根本没有任何联系。这种策略能分散家庭农场的经营风险，即使在其中某个细分市场失去了吸引力，家庭农场还能在其他方面细分市场盈利。

3. 市场定位 家庭农场进行市场细分，选定目标市场后，如何进入目标市场，以怎样的姿态进入目标市场——这就是市场定位。一些家庭农场在选择市场定位策略时很容易，但在许多时候，两家或者更多的家庭农场会有相同的定位，因此，必须想办法将自己与其他家庭农场区别开。为获得竞争优势而进行的目标市场定位包括以下主要任务：识别可能的竞争优势、选择适当的竞争优势和传播选定的市场定位。

（1）识别可能的竞争优势。消费者一般都会选择那些给他们带来最大价值的产品和服务，赢得顾客的关键在于能够比竞争者提供更多的价值。当家庭农场将自己定位为向目标市场提供更大的价值时，它就获得了竞争优势。确立竞争优势的方法通常是使自己营销的产品或服务差异化，以便为顾客提供更高价值。通常可以从以下五个方面着手进行：产品差异化、服务差异化、渠道差异化、人员差异化、包装差异化。例如，“张大发樱桃”通过组建微商团队，不断培训员工并做线上预售，实现了团队和用户的分销，短短半个月卖出了 81282 箱樱桃。渠道的差异化为品牌创造了高价值。

（2）选择合适的竞争优势。假定家庭农场已经发现了若干个潜在的竞争优势，那么它必须选择其中几个竞争优势，据以建立市场定位。通常家庭农场可以从以下四种价值方案中选择来进行总体定位：优质优价；物美价廉；利益相同，价格较低；利益较低，价格更低。同时，家庭农场需避免三种主要市场定位错误：定位不足、定位过高、定位模糊。

（3）传播选定的市场定位。一旦选择好市场定位，家庭农场就必须采取切实步骤将理想的市场定位传达给目标消费者。家庭农场所有的市场营销组合必须支持这一市场定位策略，并通过一致的表现和沟通来保持。当市场营销环境变化时，产品定位也应顺势而变。

（三）品牌定位

品牌定位是根据消费者对品牌的认识、了解和重视程度，给自己的品牌规定一定的市场定位，培养产品在消费者心目中的特色和形象，以满足消费者的某种偏爱和需要。对于农产品品牌，可以采用以下四种定位策略：

1. 档次定位 不同的农产品品牌在消费者心目中按价值高低区分为不同的档次。品牌价值是产品质量、消费者的心理感受及各种社会因素如价值观、文化传统等的综合反映。定位于高档次的农产品品牌，传达农产品（服务）高品质信息的同时，也体现了消费者对它的认同。档次具备了实物之外的价值，给消费者带来自尊和优越感。如阳澄湖大闸蟹将大闸蟹的规格分为特级、中级和普通级，为不同收入水平的消费者提供了选择。

2. 差异化诉求点定位 农产品品牌向消费者提供利益定位，而这一利益点是其他农产品品牌无法提供或者未曾提出诉求的，因此是独一无二的。运用差异化诉求点定位，在同类农产品品牌众多、竞争激烈的情形下，可以突出该农产品品牌的特点和优势，让消费者在有相关需求时，更迅捷地选择商品。利用差异化诉求进行农产品品牌定位时有几点值得注意：首先，差异化诉求的利益点必须是消费者感兴趣或关心的。其次，应是其他农产品品牌不具备或者没有指明的独特之处。最后，差异化点诉求要突出一个主要利益点。

3. 类别定位 通过和知名品牌产品的比较，表明自己的“另类”身份，显示与众不同，这是获得品牌定位的一种重要方法。这实际上是借知名品牌产品的光而使自己扬名的方法。例如，固城湖螃蟹与阳澄湖大闸蟹的比较，提出了固城湖螃蟹与众不同的八大特性：绿（绿色食品，放心蟹）、早（上市早，全国最早）、大（规格大，4 两以上的占 60%）、肥（肉质饱满）、腥（蟹腥味十足）、鲜（蟹肉氨基酸多）、甜（口感好，鲜中带甜）、亮（青背、白肚、金爪、黄毛，红膏蟹占 95%，是出口的上等品）。这八大特性为成功营销打下了基础。

4. 消费者定性 农产品品牌定位要面向消费者，是对消费者的情感和心智进行管理的一种品牌定位方法。因此，从消费者的角度进行定位是农产品品牌定位开发的一个重要方面。消费者定性有四个角度：从使用者的角度去寻找定位、从使用场合和时间去寻找定位、从消费者的购买目的去寻找定位、从消费者的生活方式寻找定位。

针对现代社会消费者追求个性、展现自我的需要，通过品牌定位可以赋予品牌相应的意义，消费者可以通过享用品牌产品而展现自我、表达个性。如：“山橙时代”为了进一步赋予品牌鲜明的个性，与小红书、一条视频等玩起了跨界营销，提升品牌在年轻白领等中高端消费群体中的影响力，满足了当代青年追求时尚、表现自我的需求。“山橙时代”通过品牌人格化、产品个性化、渠道扁平化，重塑脐橙营销新标准，建立了山橙新标准，突围提高了中国脐橙市场占有率。

四、家庭农场农产品直播电商

所谓农产品直播电商，是指主播就农产品与观众之间开展线上互动交流，以促使观众在线购买农产品。农产品直播电商更多是依赖于电商平台流量，借助电商平台开展的直播，不同于秀场直播，游戏直播以及以体育、综艺等为代表的泛娱乐直播，农产品电商直播侧重于对某一商家农产品或某一地域农产品进行宣传推广，其实质是主播在线为农产品代言、站台，核心是带货。

（一）农产品直播电商的迅速发展

受益于国内消费升级、市场下沉、移动互联网技术愈发成熟以及国内供应链日趋完善，经过数年的发展，农产品直播营销已成为千亿级规模的庞大市场。特别是2020年新冠肺炎疫情期间，农产品直播电商更是在电商业内一枝独秀，成为疫情危机下经济中的一抹亮色。农产品直播电商炙手可热，不仅捧红了李佳琦、薇娅等头部主播，也吸引着越来越多的企业家、政府官员、娱乐明星、农民朋友走进直播间。

据拼多多平台数据显示，2020年年初疫情暴发伊始至2020年4月30日，包括湖北在内的全国各省市县区共有150多名市长、县长参与到拼多多直播带货农产品中来，抗疫助农活动成交订单量超过1.1亿，售出农产品超过3.5亿公斤。4月6日，央视新闻“谢谢你为湖北拼单”公益行动带货直播在央视新闻客户端、淘宝、新浪微博等平台开播，央视名嘴朱广权与超级网红主播李佳琦搭配首场直播带货，最高吸引了1000万名观众同时观看，1.25万份湖北荆州小龙虾刚上架就被一抢而空，直播不到3小时，就卖出了4000万元的湖北农产品。一时间，“小朱配琦”组合成了网络热词。

2020年4月20日，习近平同志在陕西省考察期间，来到柞水县小岭镇金米村培训中心的直播平台前，点赞当地特产柞水木耳，柞水木耳瞬间成为淘宝等电商平台最热销的商品。总书记点赞柞水木耳，更被称为“史上最强带货”。农产品直播电商已然是农产品销售的新模式和新常态。

（二）农产品直播电商发展策略

农产品直播电商本质上是通过网络视频进行直播营销，是商家为达到品牌推广或产品销售的目的所进行的营销活动，具备以营销为目的、以直播为方式、以线上为平台（不包括传统的电视直播）的特征。家庭农场欲通过直播电商打造农产品爆品，可以从微观和宏观两个层面制定农产品直播电商发展策略。

1. 微观层面 微观上，需要发挥家庭农场主的主观能动性，主动培养工匠精神，注重农产品品牌的创建，并能够主动学习掌握直播推销技巧。

（1）树立匠心意识。对于家庭农场主，不仅要有敏锐的市场意识，根据市场需求生产适销对路的农产品，更要主动树立匠心意识，拒绝将劣质产品、次品或问题产品用于直播销售，着力生产销售高品质、差异化农产品。这里特别要指出，高品质不仅仅是指农产品的新鲜度（品相）好、口感棒，还应该包括农产品质量安全等级高。

（2）注重农产品包装设计和品牌塑造。一是要重视包装为农产品提升附加价值的显著作用。农产品包装应该具有鲜明个性，能够体现差异性和专业性，同时也要符合消费者观念的变化，向小型化、精品化、透明化、环保化升级。此外，包装图案的设计要以吸引消费者注意力为中心，既有助于展示农产品的功用与优势，又有助于传递商家形象。二是要注重对农产品品牌的塑造。在品牌塑造过程中，应突出渲染农产品产地和农产品文化，要加强特色农产品产地认证，积极申请农产品地理标志，发挥产品地域优势；要深度发掘农产品背后的文化，讲好产品故事，用文化底蕴增强农产品竞争力。区域牌和文化牌是竞争对手一时难以效仿的两大品牌竞争利器。

（3）主动学习掌握直播推销技巧。家庭农场主应积极了解直播，走进直播，学会借助直播开展带货。

一是直播场景的选择技巧。为加深货物在观众心中的印象，提高下单购买率，直播场景应与准备带的货物有关联。例如，卖水果，直播场景可以选择在果园或水果种植基地的采摘现场；卖海鲜等水产品，直播场景可以选择在渔港、海边养殖基地或者海鲜市场；卖农村手工艺品，直播场景可以选择在制作现场。总之，直播场景必须是对客户具有说服力的环境。

二是直播服装的搭配技巧。直播中，服装应结合直播场景来搭配，既不能夸张也不能太过随意。如在水果种植基地，可以选择采摘工人的服装，在渔港，可以选择穿卖海鲜的防水服装，在手工艺品制作现场，可以选择特色民族服饰。

三是直播语言的组织技巧。首先，在直播中不能机械式的来来回回一直讲产品，言语表达不能生涩、干巴，否则直播将显得枯燥无味，易引起客户反感。主播应该将自己的情感融入直播中，并辅以非语言交流方式。与客户之间交流要采用轻松愉悦的口吻，幽默风趣又不失真诚，要让客户感觉向他们介绍产品只是基于友情推荐，不存在欺骗和强买强卖，主播或商家与客户之间不仅仅是买卖关系，彼此之间应该是更深层次的朋友关系。其次，在直播中要注意暖场。直播初期，观看直播的客户可能不多，和客户之间互动也较少，但不能因此冷场。可以通过与进入直播间的每个观众热情地打招呼、分享有趣的所见所闻、分享好听的音乐、讲笑话、说段子等方式，活跃直播间气氛。同时对于观众发言，要及时热心回复，密切关注客户反应，引导客户真实表达自身诉求，以便制定或调整更加符合客户需求的营销方案。再次，在直播中要坚持口语化。主播对内容的表达不需要过多华丽的辞藻，而应接地气，通俗易懂，简单明了，实用，同时要了解青少年这一网络消费主流群体的表达方式，熟练运用网络流行语，以便更好适应互联网时代的交流语境，直击消费者痛点。最后，要凝练直播风格。为打造直播特色，加深观众对主播的印象和认同感，赢得客户持续关注直播，有必要形成独特的招牌语言。例如，“哦买噶，买它！”，观众立马就会联想到李佳琦。

2. 宏观层面　宏观上，需要家庭农场与高校、农业龙头企业、政府等多方联动，靶向发力，才能精准施策，助推农产品直播电商的发展。

（1）培养直播带货乡土人才。农产品直播能否持久助力农民增收，建立稳定的直播乡土人才队伍是关键。一是应在高校电子商务等相关专业植入电商直播课程，开展校园直播带货实践活动，有条件的高校还可设立直播学院和直播大咖工作室，多举措打造直播人才孵化基地。与此同时，鼓励并引导学生特别是来自农村地区的毕业生返乡进行电商直播带货创业。二是各地政府应组织电商直播企业、电商行业协会以及高校深入农村，开展直播带货公益培训，还可结合当地新型职业农民培训项目实施。培训形式既可以是线上公开课，又可以是专家、网红主播现场示范指导，培训内容应涵盖直播基础知识、直播运营技巧以及相关注意事项。还可以通过实施乡村主播扶持计划，将一批有潜质、有意愿的农民朋友培养为直播带货能人，并以点带面发挥辐射效应，让越来越多的农民朋友真正成为直播的主角。

（2）完善乡村新基建。一是以数字乡村发展战略实施为契机，加快 5G 通信技术在农村地区的应用与普及，稳步推进光纤宽带网络在农村地区的全覆盖，为农产品电商直播提供基础技术支持。二是围绕农村贫困地区和鲜活农产品主产区，不断完善冷链物流设施建设，并从政策上引导物流企业进村入户，对规模以上自然村布局设点，大力推动农村末端物流服务网络建设，打通农产品进城“最初一公里”。

（3）严把直播农产品品质关。消费升级大趋势下，优质好货是市场竞争的根本。农业部门、市场监督部门等相关政府机构应尽快制定出台直播农产品质量认证管理办法或实施指导意见，并明确直播平台、商家和主播三方主体在其中的责任，从制度层面为直播农产品划定质量红线。各电商直播平台应加强自律管理，例如设立严格的农产品直播准入标准，认真及时受理消费者投诉，将经核实确实存在质量问题的农产品剔除出直播清单，把好平台入口关。此外，各地应依托当地农业资源禀赋，大力培养新型农业经营主体，同时积极引进农业龙头企业，通过内培外引，做大做强当地农业优势产业和特色产业，并在此基础上发展优势、特色农产品精深加工，为农产品直播电商提供强有力的优质货源保证。

（4）构建农产品直播电商生态圈。各地应积极引导直播产业、农业实体企业与家庭农场对接，组织开展深度交流与合作，聚焦直播电商产业集聚，打造直播电商产业园和产业基地，构建集电商直播平台、主播、内容生产与制作、农产品品牌、大数据运营、包装设计、物流配送、人才孵化于一体的农产品直播电商生态圈。针对生态圈中企业，要配套办公场地、税收优惠，人才引进补贴，提供一站式中介服务等扶持政策，针对生态圈中网红主播，要将其纳入高层次人才范畴，通过营造良好的营商环境和人才环境，为农产品直播电商注入强劲动力。

第五节 家庭农场的财务管理

作为现代农业经营体系的基础，通过规范财务核算和记录，家庭农场能够有效提升内部经营效益，获得政策支持。金融信贷、保险赔付等方面也能予以倾斜。家庭农场应按照《会计法》《会计基础工作规范》《会计档案管理办法》《小企业会计准则》《农业企业会计核算办法》《个体工商户会计制度（试行）》等有关规定，开设银行账户、统一凭证账簿、规范会计核算、编制会计报表、加强会计档案管理，分析和反映家庭农场的经营成果和财务状况。结合家庭农场的实际情况，设置相关会计科目并使用正确的记账方法进行分类会计核算，及时编制会计报表。

一、家庭农场会计科目的设置

根据家庭农场的性质、特点、资金运动规律，考虑到家庭成员的财会知识、管理水平等制约因素，本着简明、通俗、实用的原则，可以设置 26 个会计科目。

二、家庭农场资产的核算

家庭农场的资产是指由过去的交易或事项形成的，并由家庭农场拥有或者控制的，预期会给家庭农场带来经济利益的资源。包括货币资金、应收款项、存货等。根据流动性分类，即能在一年或者超过一年的一个营业周期内变现或者运用的资产为流动资产，包括货币资金、应收款项和存货等；一年或者超过一年的一个营业周期内不能变现或者耗用的资产为非流动资产，比如固定资产等。

（一）货币资金的核算

货币资金好比是家庭农场的血液。家庭农场的正常经营活动离不开一定数量的货币资金，它是家庭农场开展经营活动的先决条件，也是家庭农场资金运动的起点。通常，可以设置“库存现金”“银行存款”科目对家庭农场的货币资金进行会计核算。

1. 库存现金 本科目核算存放于家庭农场由出纳人员经管的现金，是流动性最强的资产。家庭农场应当严格执行《现金管理暂行条例》，健全现金管理责任制，配备专职出纳员负责办理现金存款的收付和保管，其他人员不得经管现金。严格执行国家现金管理制度和使用范围，超过库存现金限额的部分应及时交存银行或者信用社。出纳员收付现金时，应在凭证上加盖“现金收讫”或“现金付讫”戳记和名章，以防重复收款，重复报销。不得以白条抵充库存现金，不得挪用公款，不准公款私存。

家庭农场收入现金时，应根据审核无误的会计凭证，借记本科目，贷记有关科目；支出现金时，应根据审核无误的会计凭证，借记有关科目，贷记本科目。本科目的期末借方余额，反映家庭农场实际持有的库存现金数额。

【例 1】鹏程家庭农场成员李明出差借款 1000 元，以现金付讫。

借：内部往来——李明　1000

　贷：库存现金　　　　1000

2. 银行存款 本科目核算家庭农场存入银行、信用社或其他金融机构的货币资金。为了加强银行存款的管理，国家规定，作为独立核算的企业均要在当地银行或信用社开立存款账户（结算户），以办理货币资金的存取和结算。与各单位之间发生的经济往来业务，除允许使用现金结算以外，均通过银行办理结算，并严格遵守结算原则与纪律。不得出租、出借账户，不得签发空头支票，不准套取现金等。

家庭农场将款项存入银行、信用社或其他金融机构时，借记本科目，贷记有关科目；提取和支出存款时，借记有关科目，贷记本科目。本科目应按银行、信用社或其他金融机构的名称设置明细科目，进行明细核算。本科目的期末借方余额，反映家庭农场实际存放在银行、信用社或其他金融机构的货币资金。

【例 2】鹏程家庭农场从银行提取现金 500 元，作为备用金。

借：库存现金　　　500

　贷：银行存款　　　500

（二）应收款项的核算

家庭农场应收款项根据应收的对象可以划分为两类，一类是家庭农场与外部单位或个人发生的应收及暂付款项；一类是家庭农场与所属单位或个人发生的应收及暂付款项。

1. 应收款　本科目核算家庭农场与外部单位和个人发生的各种应收及暂付款项。家庭农场因销售商品、提供劳务而发生应收及暂付款项时，借记本科目，贷记“经营收入”“库存现金”“银行存款”等有关科目；收回款项时，借记“现金”“银行存款”等科目，贷记本科目。对确实无法收回的应收款项，按规定程序批准核销时，借记“其他支出”等科目，贷记本科目。本科目应按应收款的不同单位和个人设置明细科目，进行明细核算。本科目的期末借方余额，反映家庭农场应收而未收回及暂付的款项。

【例 3】鹏程家庭农场向东来超市销售杂优 1 号 33000 公斤，单价为 2.6 元 / 公斤，总价款为 85800 元；销售杂优 2 号 24000 公斤，单价为 2.8 元 / 公斤，总价款为 67200 元，已收到款项 100000 元并存入银行，余款暂欠。

借：银行存款　　100000
　　应收款——东来超市　　53000
　贷：经营收入——杂优 1 号　　85800
　　　　　　　——杂优 2 号　　67200

【例 4】鹏程家庭农场收到东来超市的转账支票，用来偿还前欠货款 53000 元。

借：银行存款　　53000
　贷：应收款——东来超市　　53000

【例 5】鹏程家庭农场应收喜洋洋超市的一笔货款 5000 元，确定无法收回，准予核销。

借：其他支出　　5000
　贷：应收款——喜洋洋超市　　5000

2. 内部往来　本科目核算家庭农场与所属单位或个人的经济往来业务。本科目具有双重性质，既核算家庭农场与所属单位或个人发生的应收及暂付款项，也核算各种内部应付及暂收款项。

家庭农场与所属单位或个人发生应收款项或偿还应付款项时，借记本科目，贷记“库存现金”“银行存款”等科目；收回应收款项和发生应付款项时，借记“库存现金”“银行存款”等科目，贷记本科目。本科目按家庭农场所属单位或个人设置明细科目，进行明细核算。

本科目各明细科目的期末借方余额合计数反映家庭农场所属单位或个人欠家庭农场的款项总额；期末贷方余额合计数反映家庭农场欠所属单位或个人的款项总额。各明细科目年末借方余额合计数应在资产负债表的“应收款项”项目内反映，年末贷方余额合计数应在资产负债表的“应付款项”项目内反映。

【例 6】祥庆家庭农场因资金周转需要，向养猪分场场长张路借用现金 10000 元。

借：库存现金　　　　　　　　10000

　贷：内部往来——张路　　　　　10000

（三）存货的核算

家庭农场的存货是指在日常生产经营活动中持有以备出售的产成品或物资、处在生产过程中的在产品、在生产或提供劳务过程中耗用的材料或物料等，包括玉米、大豆、禽畜配合饲料、畜禽产品等。可以通过设置“产品物资”“生产成本”等科目进行会计核算。

1. 产品物资　本科目核算家庭农场库存的各种产品和物资。家庭农场购入并已验收入库的产品物资，按实际支付或应支付的价款，借记本科目，贷记“库存现金”“银行存款”“应付款”等科目。家庭农场生产并已验收入库的产品物资，按实际成本，借记本科目，贷记“生产成本”等科目。产品物资销售时，按实现的销售收入，借记“库存现金”“银行存款”“应收款”等科目，贷记“经营收入”科目；按销售产品物资的实际成本，借记“经营支出”科目，贷记本科目。产品物资领用时，借记“生产成本”“在建工程”“管理费用”等科目，贷记本科目。

家庭农场的产品物资应当定期清查盘点。盘亏或毁损的产品物资，经审核批准后，按照责任人或保险公司赔偿的金额，借记“内部往来”“应收款”等科目，按责任人或保险公司赔偿后的净损失，借记“其他支出”科目，按盘亏或毁损产品物资的账面余额，贷记本科目。本科目应按产品物资品名设置明细科目，进行明细核算。本科目期末借方余额，反映家庭农场库存产品物资的实际成本。

【例 7】祥庆家庭农场购入生产用材料一批，价值 3600 元，款项已用银行存款支付。

借：产品物资——材料　　　　　　3600

　贷：银行存款　　　　　　　　　3600

2. 生产（劳务）成本　本科目核算家庭农场直接组织生产或对外提供劳务等活动所发生的各项生产费用或劳务成本。

发生的各项生产费用或劳务成本，应按成本核算对象归集，借记本科目，贷记“库存现金”“银行存款”“产品物资”“内部往来”“应付款”等科目。会计期间终了，对已生产完成并验收入库的工业产成品和农产品，借记“产品物资”科目，贷记本科目。对外提供劳务实现销售时，借记“经营支出”科目，贷记本科目。本科目应按生产费用或劳务成本的种类设置明细科目，进行明细核算。本科目的期末借方余额，反映家庭农场尚未完成的产品及尚未结转的劳务成本。

【例 8】祥庆家庭农场种猪产前消耗饲料 5000 公斤，单价 3 元 / 公斤，药品总计 1250 元，用现金支付人工费 3500 元。

借：生产成本——种猪　　　　　19750

　贷：产品物资——饲料　　　　　15000

　　　　　　　——药品　　　　　　1250

　　　库存现金　　　　　　　　　3500

【例 9】鹏程家庭农场耕翻平整土地、播种，发生的机械作业费 6000 元，款项未付。施用化肥 280 袋，价款 28000 元。用银行存款支付人工费 2000 元。

借：生产成本　　　　　　　　　36000

　贷：应付款　　　　　　　　　　6000

　　　产品物资——化肥　　　　　28000

　　　银行存款　　　　　　　　　2000

3. 牲畜（禽）资产　本科目核算家庭农场购入或培育的牲畜（禽）的成本。本科目设置“幼畜及育肥畜”和“产役畜”两个二级科目。

家庭农场购入幼畜及育肥畜时，按购买价及相关税费，借记本科目（幼畜及育肥畜），贷记“库存现金”“银行存款”等科目；发生的饲养费用，借记本科目（幼畜及育肥畜），贷记“应付工资”“产品物资”等科目。幼畜成龄转作产役畜时，按实际成本，借记本科目（产役畜），贷记本科目（幼畜及育肥畜）。产役畜的饲养费用不再计入本科目，借记“经营支出”科目，贷记“应付工资”“产品物资”等科目。产役畜的成本扣除预计残值后的部分应在其正常生产周期内，按照直线法分期摊销，借记“经营支出”科目，贷记本科目（产役畜）。

幼畜及育肥畜或产役畜对外销售时，按照实现的销售收入，借记“库存现金”“银行存款”等科目，贷记“经营收入”科目；同时，按照销售牲畜的实际成本，借记“经营支出”科目，贷记本科目。牲畜死亡或毁损时，按规定程序批准后，按照过失人或保险公司应赔偿的金额，借记“应收款”等科目，如发生净损失，则按照扣除过失人或保险公司应赔偿金额后的净损失，借记“其他支出”科目，按照牲畜资产的账面价值，贷记本科目；如产生净收益，则按照牲畜资产的账面价值，贷记本科目，同时按照过失人或保险公司应赔偿金额超过牲畜资产账面价值的金额，贷记“其他收入”科目。本科目应按牲畜（禽）的种类设置明细科目，进行明细核算。本科目的期末借方余额，反映家庭农场幼畜及育肥畜或产役畜的账面余额。

【例 10】祥庆家庭农场从阳光养猪场赊购仔猪 2000 头，暂欠价款 20000 元。

借：牲畜（禽）资产——幼畜及育肥畜　　20000

　　贷：应付款——阳光养猪场　　20000

【例 11】祥庆家庭农场购入种母猪 20 头，每头 2000 元，种公猪 1 头价值 3000 元，已用银行存款支付，并用现金支付运杂费 200 元。

借：牲畜（禽）资产——产役畜　　43200

　　贷：银行存款　　43000

　　　　库存现金　　200

【例 12】祥庆家庭农场当年育成猪发生应付养猪人员工资 24000 元，喂猪用饲料 36000 元。

借：牲畜（禽）资产——幼畜及育肥畜　　60000

　　贷：应付工资　　24000

　　　　产品物资——饲料　　36000

【例 13】祥庆家庭农场当年饲养成猪发生费用 30000 元，用银行存款支付。

借：经营支出　　30000

　　贷：银行存款　　30000

【例 14】祥庆家庭农场价值 10000 元的仔猪成龄转为成猪，发生饲养费用 15000 元。

借：牲畜（禽）资产——产役畜　　　　　　　　　25000

　　贷：牲畜（禽）资产——幼畜及育肥畜　　　　　　25000

【例 15】承【例 14】祥庆家庭农场当月摊销转为成猪的成本，成猪生产周期按 5 年计算，预估的净残值率为成猪成本的 10% 确定。

当月摊销额 =[25000×（1-10%）÷5]÷12=375（元）

借：经营支出　　　　　　　　　　　　　　　　375

　　贷：牲畜（禽）资产——产役畜　　　　　　　　375

【例 16】祥庆家庭农场 1 头育肥畜因病死亡，其账面价值为 1200 元。

借：其他支出　　　　　　　　　　　　　　　　1200

　　贷：牲畜（禽）资产——幼畜及育肥畜　　　　　　1200

4. 林木资产　本科目核算家庭农场购入或营造的林木的成本。本科目设置“经济林木”和“非经济林木”两个二级科目。

家庭农场购入经济林木时，按购买价及相关税费，借记本科目（经济林木），贷记“银行存款”等科目；购入或营造的经济林木投产前发生的培植费用，借记本科目（经济林木），贷记“应付工资”“产品物资”等科目。经济林木投产后发生的管护费用，不再记入本科目，借记“经营支出”科目，贷记“应付工资”“产品物资”等科目。经济林木投产后，其成本扣除预计残值后的部分应在其正常生产周期内，按照直线法摊销，借记“经营支出”科目，贷记本科目（经济林木）。

家庭农场购入非经济林木时，按购买价及相关税费，借记本科目（非经济林木），贷记“库存现金”“银行存款”等科目；购入或营造的非经济林木在郁闭前发生的培植费用，借记本科目（非经济林木），贷记“应付工资”“产品物资”等科目。非经济林木郁闭后发生的管护费用，不再记入本科目，借记“其他支出”科目，贷记“应付工资”“产品物资”等科目。

按规定程序批准后，林木采伐出售时，按照实现的销售收入，借记“库存现金”“银行存款”等科目，贷记“经营收入”科目；同时，按照出售林木的实际成本，借记“经营支出”科目，贷记本科目。林木死亡或毁损时，按规定程序批准后，按照过失人或保险公司应赔偿的金额，借记“应收款”等科目，如发生净损失，则按照扣除过失人或保险公司应赔偿金额后的净损失，借记“其他支出”科目，按照林木资产的账面价值，贷记本科目；如产生净收益，则按照林木资产的账面价值，贷记本科目，同时按照过失人或保险公司应赔偿金额超过林木资产账面价值的金额，贷记“其他收入”科目。本科目应按林木的种类设置明细科目，进行明细核算。本科目的期末借方余额，反映家庭农场购入或营造林木的账面余额。

【例 17】鸿运家庭农场培育板栗树苗 5000 株，苗圃费用为 3000 元，其中领用物资 2500 元，发生培植人员工资 500 元。

借：林木资产——经济林木　　3000

　贷：产品物资　　2500

　　　应付工资　　500

【例 18】鸿运家庭农场以每株 2 元将 2000 株板栗树苗出售，现金支付起苗费用 300 元。

借：林木资产——经济林木　　300

　贷：库存现金　　300

【例 19】鸿运家庭农场出售板栗树苗取得现金收入 4000 元。

借：库存现金　　4000

　贷：经营收入　　4000

【例 20】承【例 18】鸿运家庭农场结转相关成本。

每株树苗成本 = 起苗前生产费用 ÷（起用株数 + 未起用株数）

=3000 ÷（2000+3000）=0.6（元 / 株）

树苗产成品成本 = 起售株数 × 每株成本 + 起苗费用

=2000 × 0.6+300=1500（元）

借：经营支出　　1500

　贷：林木资产——经济林木　　1500

（四）固定资产的核算

家庭农场的固定资产，是指家庭农场的房屋建筑物、农业机械设备、工具仪器、产畜和役畜以及使用的土地、公路、桥梁、堤坝、干支渠、水库、经济林木、防护林等在实物形态上的劳动资料。不属于生产经营主要设备的物品，单位价值在 2000 元以上、使用期限在两年以上的，也应作为家庭农场的固定资产。

1. 固定资产　本科目核算家庭农场所有的固定资产的原值。家庭农场的房屋、建筑物、机器、设备、工具和器具等劳动资料，凡使用年限在一年以上，单位价值在 500 元以上的列为固定资产。有些主要生产工具和设备，单位价值虽低于规定标准，但使用年限在一年以上的也可列为固定资产。

购入不需要安装的固定资产，按原价加采购费、包装费、运杂费、保险费和相关税金等，借记本科目，贷记“库存现金”“银行存款”等科目。购入需要安装的固定资产，先记入“在建工程”科目，安装完毕交付使用时，按照其实际成本，借记本科目，贷记“在建工程”科目。自行建造完成交付使用的固定资产，按照其实际成本，借记本科目，贷记“在建工程”科目。收到捐赠的全新的固定资产，按照所附发票所列金额加上应支付的相关税费，借记本科目，贷记“公积公益金”科目；收到捐赠的旧固定资产，按照经过批准的评估价值，借记本科目，贷记“公积公益金”科目。投资者投入的固定资产，按照投资各方确认的价值，借记本科目，按照经过批准的投资者所拥有的资本金额，贷记“资本”科目，按照两者之间的差额，借记或贷记“公积公益金”科目。

固定资产出售、报废或毁损等时，按固定资产账面净值，借记“固定资产清理”科目，按照应由责任人或保险公司赔偿的金额，借记“应收款”“内部往来”等科目，按已提折旧，借记“累计折旧”科目，按固定资产原价，贷记本科目。本科目应按固定资产的类别或名称设置明细科目，进行明细核算。本科目的期末借方余额，反映家庭农场所有固定资产的原始价值。

【例 21】祥庆家庭农场购入需要安装的饲料混合机一台，以银行存款支付购置费 50000 元，以现金支付安装费 2000 元。

借：在建工程——饲料混合机　　52000

　贷：银行存款　　50000

　　　库存现金　　2000

安装完工，验收合格交付使用时：

借：固定资产——饲料混合机　　52000

贷：在建工程——饲料混合机　　52000

2. 累计折旧　本科目核算家庭农场所有的固定资产计提的累计折旧。生产经营用的固定资产计提的折旧，借记“生产（劳务）成本”科目，贷记本科目；管理用的固定资产计提的折旧，借记“管理费用”科目，贷记本科目；用于公益性用途的固定资产计提的折旧，借记“其他支出”科目，贷记本科目。本科目的期末贷方余额，反映家庭农场提取的固定资产折旧累计数。

【例 22】鸿运家庭农场本年应计提固定资产折旧 29600 元，其中，生产经营用固定资产折旧 21600 元，管理用固定资产折旧 3000 元，公益性固定资产折旧 5000 元。

借：生产（劳务）成本　　21600

管理费用　　3000

其他支出　　5000

贷：累计折旧　　296000

3. 在建工程　本科目核算家庭农场进行工程建设、设备安装、农业基本建设设施大修理等发生的实际支出。购入不需要安装的固定资产，不通过本科目核算。

发生购买待安装设备的原价及运输、保险、采购费用，为建筑和安装固定资产、兴建农业基本建设设施购买专用物资及支付各项工程费用，借记本科目，贷记“库存现金”“银行存款”“应付款”“产品物资”等科目。

购建和安装完成并交付使用固定资产时，借记“固定资产”科目，贷记本科目。工程完成未形成固定资产时，借记“经营支出”“其他支出”等科目，贷记本科目。本科目应按工程项目设置明细科目，进行明细核算。本科目的期末借方余额，反映家庭农场尚未完工或虽已完工但尚未办理竣工决算的工程项目实际支出。

【例 23】祥庆家庭农场自建猪舍 2 栋，领用工程物资 300000 元。

借：在建工程——自营工程　　300000

贷：产品物资　　300000

【例 24】承【例 23】支付工程劳务费 6000 元，已用银行存款支付。

借：在建工程—自营工程　　6000

贷：银行存款　　6000

【例 25】承【例 23】【例 24】猪舍完工，验收合格并交付使用时。

借：固定资产——自营工程　　　　306000

　贷：在建工程—自营工程　　　　306000

4. 固定资产清理　本科目核算家庭农场因出售、报废或毁损等原因转入清理的固定资产净值及其在清理过程中所发生的清理费用或清理收入。

出售、报废或毁损的固定资产转入清理时，按固定资产账面净值，借记本科目，按照应由责任人或保险公司赔偿的金额，借记“应收款”“内部往来”等科目，按已提折旧，借记“累计折旧”科目，按固定资产原价，贷记“固定资产”科目。按照发生的清理费用，借记本科目，贷记“库存现金”“银行存款”等科目；按照出售固定资产的价款和残值收入，借记“库存现金”“银行存款”等科目，贷记本科目。清理完毕后发生的净收益，借记本科目，贷记“其他收入”科目；清理完毕后发生的净损失，借记“其他支出”科目，贷记本科目。

本科目应按被清理的固定资产设置明细科目，进行明细核算。本科目的期末余额，反映家庭农场转入清理但尚未清理完毕的固定资产净值，以及固定资产清理过程中所发生的清理费用或变价收入等各项金额的差额。

【例 26】鸿运家庭农场将一台不用的机器对外出售，其账面原值为 10000 元，累计已计提折旧 4000 元，协议价为 7500 元，收到的款项已存入银行。

借：固定资产清理　　　　6000

　　累计折旧　　　　4000

　贷：固定资产　　　　10000

借：银行存款　　　　7500

　贷：固定资产清理　　　　7500

借：固定资产清理　　　　1500

　贷：其他收入　　　　1500

三、家庭农场负债的核算

家庭农场的负债是指由家庭农场过去的交易或事项形成的，预期会导致经济利益流出家庭农场的现时义务。按照负债偿还期限分类，可以分为需要在一年（含一年）或超过一年的一个营业周期内偿还的债务为流动负债，如短期借款、应付款、应付工资等；以及偿还期限超过一年或者超过一年的一个营业周期以上的债务为非流动负债，如长期借款。

（一）短期借款的核算

本科目核算家庭农场从银行、信用社或有关单位、个人借入的期限在一年以下（含一年）的各种借款。

家庭农场借入各种短期借款时，借记“库存现金”“银行存款”科目，贷记本科目；归还借款时，借记本科目，贷记“库存现金”“银行存款”科目。短期借款利息应按期计提，借记“其他支出”科目，贷记“库存现金”“银行存款”等科目。本科目应按借款单位或个人名称设置明细科目，进行明细核算。本科目的期末贷方余额，反映家庭农场尚未归还的短期借款的本金。

【例 27】鸿运家庭农场从银行借入一笔年利率 6%，期限为 6 个月的 5000 元借款，款项已存入银行。

借：银行存款　　　　　　5000

　贷：短期借款　　　　　　5000

【例 28】承【例 27】6 个月后，该笔借款到期，鸿运家庭农场用银行存款支付本息合计 5300 元。

借：短期借款　　　　　　5000

　　其他支出　　　　　　300

　贷：银行存款　　　　　　5300

（二）应付款的核算

本科目核算家庭农场与外单位或外部个人发生的偿还期在一年以下（含一年）的各种应付及暂收款项等，包括购买材料、商品等应付给供应单位的款项。

家庭农场发生以上应付及暂收款项时，借记“库存现金”“银行存款”“产品物资”等科目，贷记本科目；偿付应付或暂收款项时，借记本科目，贷记“库存现金”“银行存款”等科目。发生确实无法支付的应付款项时，借记本科目，贷记“其他收入”科目。本科目应按应付款的不同单位或个人设置明细科目，进行明细核算。本科目的期末贷方余额，反映家庭农场应付而未付及暂收的款项。

【例 29】因债权人撤销确实无法支付，鸿运家庭农场一笔 3000 元的应付款经批准予以核销。

借：应付款　　　　　　　3000

　贷：其他收入　　　　　　　3000

（三）应付工资的核算

本科目核算家庭农场应付给其管理人员及固定员工的报酬总额。上述人员的各种工资、奖金、津贴、福利补助等，不论是否在当月支付，都应通过本科目核算。家庭农场应付给临时员工的报酬，不通过本科目核算，在“应付款”或“内部往来”科目中核算。

家庭农场按照经过批准的金额提取工资时，根据人员岗位，分别借记“管理费用”“生产（劳务）成本”“牲畜（禽）资产”“林木资产”“在建工程”等科目，贷记本科目。按规定程序批准后，实际发放工资时，借记本科目，贷记“库存现金”等科目。本科目应设置“应付工资明细账”，按照管理人员和员工的类别及应付工资的组成内容进行明细核算。本科目的期末贷方余额，反映家庭农场已提取但尚未支付的工资额。

【例 30】鸿运家庭农场计提当月管理人员工资 5000 元。

借：管理费用　　　　　　5000

　贷：应付工资　　　　　　　5000

（四）长期借款的核算

本科目核算家庭农场从银行、信用社或有关单位、个人借入的期限在一年以上（不含一年）的借款。

家庭农场发生长期借款时，借记“库存现金”“银行存款”“产品物资”等科目，贷记本科目；归还和偿付长期借款时，借记本科目，贷记“库存现金”“银行存款”科目。发生长期借款的利息支出，借记“其他支出”科目，贷记“库存现金”“银行存款”等科目。

发生确实无法偿还的长期借款时，借记本科目，贷记“其他收入”科目。本科目应按借款单位或个人设置明细科目，进行明细核算。本科目的期末贷方余额，反映家庭农场尚未偿还的长期借款。

四、家庭农场所有者权益的核算

家庭农场所有者权益是指家庭农场的资产扣除负债之后，由所有者享有的剩余权益。具体包括资本、公积公益金、本年收益和收益分配。

（一）资本的核算

本科目核算家庭农场实际收到投入的资本。资本是投资者实际投入家庭农场的各种资产的价值。家庭农场对筹集的资本依法享有经营权，投资者除依法转让外，一般不得随意抽走。

家庭农场收到以固定资产作为投资时，按照投资各方确认的价值，借记“固定资产”科目，贷记本科目；收到以劳务形式进行的投资时，按当地劳务价格，借记“在建工程”等科目，贷记本科目；收到以其他形式进行的投资时，借记“银行存款”“产品物资”等有关科目，贷记本科目。将公积公益金转增资本时，借记“公积公益金”科目，贷记本科目。按照协议规定投资者收回投资时，借记本科目，贷记“银行存款”“固定资产”等有关科目。本科目应按投资的单位或个人设置明细科目，进行明细核算。本科目的期末贷方余额，反映家庭农场实有的资本数额。

【例 31】村民李氏两兄弟合伙创办祥庆家庭农场，兄弟二人各投资 20 万元，款项已存入银行。

借：银行存款　　　　　400000

　贷：资本　　　　　　　400000

（二）公积公益金的核算

本科目核算家庭农场从收益中提取的和其他来源取得的公积公益金，是用于扩大生产经营、承担经营风险以及集体公益事业的专用基金。

从收益中提取公积公益金时，借记“收益分配”科目，贷记本科目。收到捐赠的资产时，借记“银行存款”“产品物资”“固定资产”等科目，贷记本科目。按国家有关规定，并按规定程序批准后，公积公益金转增资本或弥补亏损时，借记本科目，贷记“资本”或“收益分配”科目。本科目的期末贷方余额，反映家庭农场的公积公益金数额。

【例 32】年度终了，鸿运家庭农场从当年收益中提取公积公益金 20000 元。

借：收益分配——提取公积公益金　　20000

　贷：公积公益金　　20000

【例 33】祥庆家庭农场收到乡政府捐赠的饲料混合机一台，取得发票上注明的价款为 52000 元。

借：固定资产——饲料混合机　　52000

　贷：公积公益金　　52000

（三）本年收益的核算

本科目核算家庭农场本年度实现的收益。会计期末结转经营收益时，应将“经营收入”“补助收入”“其他收入”科目的余额转入本科目的贷方，借记“经营收入”“补助收入”“其他收入”科目，贷记本科目；同时将“经营支出”“其他支出”“管理费用”科目的余额转入本科目的借方，借记本科目，贷记“经营支出”“其他支出”“管理费用”科目。“投资收益”科目的净收益转入本科目，借记“投资收益”科目，贷记本科目；如为投资净损失，借记本科目，贷记“投资收益”科目。

年度终了，应将本年收入和支出相抵后结出的本年实现的收益，转入“收益分配”科目，借记本科目，贷记“收益分配——未分配收益”科目；如为净亏损，作相反会计分录，结转后本科目应无余额。

【例 34】年度终了，祥庆家庭农场结转各项收入和支出，其中，经营收入 504000 元，补助收入 2000 元，其他收入 600 元，经营支出 364580 元，管理费用 3000 元，其他支出 1700 元。

借：经营收入　　　　　　504000
　　补助收入　　　　　　　2000
　　其他收入　　　　　　　600
　贷：本年收益　　　　　　37320
　　　经营支出　　　　　　364580
　　　管理费用　　　　　　　3000
　　　其他支出　　　　　　　1700

（四）收益分配的核算

家庭农场的收益分配，是指将当年已经确定的收益总额连同以前年度的未分配利益，按照一定的标准进行合理分配。在收益分配前，首先，应编制收益分配方案，规定各分配项目及分配比例。分配方案经家庭农场成员大会讨论通过后执行。其次，应做好分配前的各项准备工作，清理财产物资，结清有关账目，以保证分配及时兑现，确保收益分配工作的顺利进行。

本科目核算家庭农场当年收益的分配（或亏损的弥补）和历年分配后的结存余额。本科目设置“各项分配”和“未分配收益”两个二级科目。家庭农场用公积公益金弥补亏损时，借记“公积公益金”科目，贷记本科目（未分配收益）。年终，家庭农场应将全年实现的收益总额，自“本年收益”科目转入本科目，借记“本年收益”科目，贷记本科目（未分配收益），如为净亏损，作相反会计分录。同时，将本科目下的“各项分配”明细科目的余额转入本科目“未分配收益”明细科目，借记本科目（未分配收益），贷记本科目（各项分配）。年度终了，本科目的“各项分配”明细科目应无余额，“未分配收益”明细科目的贷方余额表示未分配的收益，借方余额表示未弥补的亏损。本科目应按收益的来源设置明细科目，进行明细核算。本科目的余额为历年积存的未分配收益（或未弥补亏损）。

【例 35】承【例 34】结转收益分配 137320 元。

借：本年收益　　　　　　137320
　贷：收益分配　　　　　　137320

五、家庭农场收入、费用的核算

家庭农场的收入是家庭农场在销售商品、提供劳务及让渡资产使用权等日常经营活动中所形成的经济利益总流入，主要包括经营收入、补助收入和其他收入。家庭农场的费用是指家庭农场进行生产、服务等经营活动所发生的各种耗费，主要包括经营支出、管理费用和其他支出。

（一）经营收入的核算

本科目核算家庭农场当年发生的各项经营收入。经营收入发生时，借记“库存现金”“银行存款”等科目，贷记本科目。本科目应按经营项目设置明细科目，进行明细核算。年终，应将本科目的余额转入“本年收益”科目的贷方，结转后本科目应无余额。

【例 36】祥庆家庭农场销售幼猪 100 头，每头单价 220 元，款项已存入银行。

借：银行存款　　　　　　　　22000

　贷：经营收入——幼猪　　　　　22000

（二）补助收入的核算

本科目核算家庭农场收到的财政等有关部门的补助资金。家庭农场收到补助资金时，借记“银行存款”等科目，贷记本科目。该科目应按补助项目设置明细科目，进行明细核算。年终，应将该科目的余额转入“本年收益”科目的贷方，结转后该科目应无余额。

【例 37】祥庆家庭农场收到种猪补贴款共计 2000 元，已存入银行。

借：银行存款　　　　　　　　2000

　贷：补助收入——种猪补贴　　　2000

（三）其他收入的核算

本科目核算家庭农场除“经营收入”“补助收入”以外的其他收入。如罚款收入、存款利息收入、固定资产及库存物资的盘盈收入等。发生其他收入时，借记“库存现金”“银行存款”等科目，贷记本科目。年终，应将本科目的余额转入“本年收益”科目的贷方，结转后本科目应无余额。

【例 38】祥庆家庭农场收到银行存款利息 600 元，已存入银行。

借：银行存款　　　　　　　　　　　　600

　贷：其他收入——利息收入　　　　　　　600

（四）经营支出的核算

本科目核算家庭农场因销售商品、农产品、对外提供劳务等活动而发生的实际支出。家庭农场应根据实际情况，采用先进先出法、加权平均法和个别计价法等方法，确定本期销售的商品、农产品等的实际成本。方法一经选定，不得随意变更。

经营支出发生时，家庭农场借记本科目，贷记“产品物资”“生产（劳务）成本”“应付工资”“内部往来”“应付款”“牲畜（禽）资产”“林木资产”等科目。本科目应按经营项目设置明细科目，进行明细核算。年终，应将本科目的余额转入“本年收益”科目的借方，结转后本科目应无余额。

【例 39】承【例 36】祥庆家庭农场销售幼猪的成本为每头 130.63 元。

借：经营支出　　　　　　　　　　　　13063

　贷：牲畜（禽）资产——幼畜及育肥畜　　13063

（五）管理费用的核算

本科目核算家庭农场管理活动发生的各项支出，如管理人员的工资、办公费、差旅费、管理用固定资产的折旧和维修费用等。发生上述各项费用时，借记本科目，贷记“应付工资”“库存现金”“银行存款”“累计折旧”等科目。本科目应按费用项目设置明细科目，进行明细核算。年终，应将本科目的余额转入“本年收益”科目的借方，结转后本科目应无余额。

【例 40】祥庆家庭农场银行转账支付账务代理费用 2400 元。

借：管理费用　　　　　　　　　　　　2400

　贷：银行存款　　　　　　　　　　　　2400

（六）其他支出的核算

本科目核算家庭农场与经营管理活动无直接关系的其他支出。如公益性固定资产折旧费用、利息支出、农业资产的死亡毁损支出、固定资产及库存物资的盘亏、损失、防汛抢险支出、无法收回的应收款项损失、罚款支出等。发生其他支出时，借记本科目，贷记“累计折旧”“库存现金”“银行存款”“产品物资”“应付款”等科目。年终，应将本科目的余额转入“本年收益”科目的借方，结转后本科目应无余额。

【例 41】祥庆家庭农场年末计提银行贷款利息 500 元。

借：其他支出——贷款利息　　500

　贷：应付款　　500

六、家庭农场的会计报表

家庭农场的会计报表，是依据会计核算资料，定期总括地说明家庭农场在一定时期财务状况的报告，它能够概括地表现家庭农场一定时期的经济活动情况和结果。

编制会计报表是家庭农场会计核算工作的一项重要内容，家庭农场会计报表的种类一般包括科目余额表、资产负债表和收支明细表。

（一）科目余额表的编制

本表是家庭农场按月或按季度编制，用以反映月末或季度末各会计科目余额的会计报表。通过科目余额表，可以检查账面记录是否正确，分析家庭农场的财务状况和收支情况。

1. 科目余额表的格式　科目余额表包含的内容包括：“序号”“科目编号”“科目名称”“期初余额”“本期发生额”“期末余额”等栏目（见表 5-2）。

2. 编制说明　科目余额表根据汇总的凭证形成每个科目的余额，原理为：期初余额 +（或 -）本期发生额（包括借方发生额和贷方发生额）= 期末余额。

3. 试算平衡　对于资产（成本）类科目，期末借方余额 = 期初借方余额 + 本期借方发生额 - 本期贷方发生额；对于负债和所有者权益类科目，期末贷方余额 = 期初贷方余额 + 本期贷方发生额 - 本期借方发生额；对于损益类科目，期初余额和期末余额均为 0，本期借方发生额等于本期贷方发生额。

表5-2　家庭农场科目余额表

单位名称：　　　　　　　　　　　　　年　月　日　　　　　　　　　　　　单位：元

序号	科目编号	科目名称	期初余额	本期发生额		期末余额
				借方金额	贷方金额	
1	101	库存现金				
2	102	银行存款				
3	112	应收款				
4	113	内部往来				
5	121	产品物资				
6	131	牲畜（禽）资产				
7	132	林木资产				
8	151	固定资产				
9	152	累计折旧				
10	153	固定资产清理				
11	154	在建工程				
12	201	短期借款				
13	202	应付款				
14	211	应付工资				
15	221	长期借款				
16	301	资本				
17	311	公积公益金				
18	321	本年收益				
19	322	收益分配				
20	401	生产（劳务）成本				
21	501	经营收入				
22	502	经营支出				
23	522	补助收入				
24	531	其他收入				
25	541	管理费用				
26	551	其他支出				
合计						

负责人：　　　　　　　　　　　　　　　　　　　　　　　　　填表人：

（二）资产负债表的编制

家庭农场的资产负债表是反映该农场在资产负债表日的全部资产、负债和所有者权益状况的会计报表。

1. 资产负债表的格式　本表由资产、负债和所有者权益三个基本要素组成，采用左右账户式排列。报表的左方列式资产的各项目，报表的右方列式负债及所有者权益项目，报表左方的资产总计与报表右方的负债及所有者权益总计应保持平衡关系，即资产 = 负债 + 所有者权益（见表 5-3）。

表5-3　家庭农场资产负债表

单位名称：　　　　　　　　　　年　　月　　日　　　　　　　　　　单位：元

资产	行次	年初数	年末数	负债及所有者权益	行次	年初数	年末数
流动资产：				流动负债：			
货币资金	1			短期借款	13		
应收款项	2			应付款项	14		
存货	3			应付工资	15		
流动资产合计	4			流动负债合计	16		
长期资产：				长期负债：			
农业资产	5			长期借款	17		
固定资产：				长期负债合计	18		
固定资产原值	6			负债合计	19		
减：累计折旧	7			所有者权益：			
固定资产净值	8			资本	20		
固定资产清理	9			公积公益金	21		
在建工程	10			未分配收益	22		
长期资产合计	11			所有者权益合计	23		
资产总计	12			负债及所有者权益总计	24		

负责人：　　　　　　　　　　　　　　　　　　　　　　　　　　填表人：

2. 资产负债表的编制说明 家庭农场资产负债表中“年初数”按上年末资产负债表的“年末数”栏所列数字填列，“年末数”各项目的内容和填列方法如下：

（1）“货币资金”项目，反映家庭农场的库存资金、银行存款等货币资金的合计数。根据“库存资金”“银行存款”账户年末余额的合计数填列。

（2）“应收款项”项目，反映家庭农场应收而未收回和暂付的各种款项，根据“应收款”账户年末余额和“内部往来”各明细科目年末借方余额合计数填列。

（3）“存货”项目，反映家庭农场年末在库、在途、在加工的各项存货价值，包括各种原材料、产品等物资。本项目应根据“产品物资”“生产成本”账户年末余额的合计数填列。

（4）“农业资产”项目，反映家庭农场购入或培育牲畜（禽）资产和林木资产的账面余额，根据“牲畜（禽）资产”和“林木资产”账户年末余额的合计数填列。

（5）“固定资产原值”项目，反映家庭农场各种固定资产的原值，根据“固定资产”账户的年末余额直接填列。

（6）“累计折旧”项目，反映家庭农场各种固定资产累计折旧，根据“累计折旧”账户的年末余额直接填列。

（7）“固定资产清理”项目，反映家庭农场因出售、报废、毁损等原因转入清理的固定资产净值以及在清理中所发生的清理费用、变价收入及结转的清理净收入（或净损失）。根据“固定资产清理”账户的年末借方余额填列，如果为贷方余额，应以“-”号填列。

（8）“在建工程”项目，反映家庭农场各项尚未完工或已完工但尚未办理决算的工程项目的实际成本。根据“在建工程”账户的年末余额填列。

（9）“短期借款”项目，反映家庭农场借入尚未归还的一年期以下（含一年）的借款。根据“短期借款”账户的年末余额直接填列。

（10）“应付款项”项目，反映家庭农场应付、未付及暂收的各种款项。根据“应付款”和“内部往来”的各明细账户年末贷方余额的合计数填列。

（11）“应付工资”项目，反映家庭农场已提取但尚未支付的职工工资。根据“应付工资”账户的年末余额直接填列。

（12）“长期借款”项目，反映家庭农场借入尚未归还的一年期以上（不含一年）

的借款。根据“长期借款”账户年末余额直接填列。

（13）“资本”项目，反映家庭农场实际收到的投入资本的总额。根据“资本”账户的年末贷方余额直接填列。

（14）“公积公益金”项目，反映家庭农场公积公益金的年末余额。根据“公积公益金”账户的年末贷方余额直接填列。

（15）“未分配收益”项目，反映家庭农场尚未分配的收益。根据“本年收益”和“收益分配”账户的余额计算填列。未弥补的亏损以“–”号填列。

（三）收支明细表的编制

家庭农场收支明细表是反映其一个会计期间内累计发生的各项收入和支出情况的会计报表。

1. 收支明细表的格式　收支明细表由收入和支出两大部分组成，各项收入合计减去各项支出合计等于各项收支的差额，反映家庭农场每个会计期间累计实现的收益数额（见表 5–4）。

2. 收支明细表的编制说明　收支明细表各项目“本期数”和“本年累计数”，分别根据损益类各账户及所属明细账户的本期发生额和期末余额以及账务处理记录分析填列。

“本期收益”的计算公式为：本期收益 = 本期收入合计 – 本期支出合计，若本期收益为净亏损，则应当用“–”号列式。其中，本期收入合计 = 经营收入 + 补助收入 + 其他收入；本期支出合计 = 经营支出 + 管理费用 + 其他支出。

表5-4　家庭农场收支明细表

单位名称：　　　　　　　　　　年　　月　　日　　　　　　　　　　单位：元

项目	行次	本期数	本年累计数	项目	行次	本期数	本年累计数
一、经营收入	1			一、经营支出	17		
1.农产品销售收入	2			1.农产品销售成本	18		
2.租赁收入	3			2.租赁成本	19		
3.劳务、服务收入	4			3.劳务、服务成本	20		
4.其他	5			4.其他	21		
二、补助收入	6			二、管理费用	22		
1.财政奖补	7			1.管理人员工资	23		
2.个人捐赠	8			2.办公费	24		
3.部门帮扶	9			3.差旅费	25		
4.其他	10			4.其他	26		
三、其他收入	11			三、其他支出	27		
1.利息收入	12			1.利息支出	28		
2.资产清理净收益	13			2.赔款及罚款支出	29		
3.赔款及罚款收入	14			3.资产清理净损失	30		
4.其他	15			4.其他	31		
收入合计	16			支出合计	32		
本期收益（收支差额）					33		

负责人：　　　　　　　　　　　　　　　　　　　　　　　　填表人：

第六章
家庭农场与其他农业经营主体的融合发展

家庭农场的培育发展是一个循序渐进的过程。为促进家庭农场的可持续发展，家庭农场主之间可以存在联合与合作的关系，家庭农场还可以不断与其他新型农业经营主体融合发展，比如，“家庭农场＋合作社”形式，“家庭农场＋农业龙头企业”合作模式等。

第一节　家庭农场与小农户

新型农业经营主体是现代农业发展的重要推动力，对保障重要农产品供给、拓展小农户增收空间、开发农业发展新动能具有重要的影响。但我国“人多地少”的资源特点决定了小农户经营仍然是当前和未来我国农业发展的基本方向。因此，2018年中央一号文件指出：“统筹兼顾培育新型农业经营主体和扶持小农户，采取有针对性的措施，把小农生产引入现代农业发展的轨道。”之后，国务院印发了《国家乡村振兴战略规划（2018—2022年）》，提出在不断壮大新型农业经营主体发展的同时，促进小农户和现代农业发展有机衔接。党中央的政策充分说明，基于我国的国情与农情，走出一条中国特色的社会主义农业发展道路，必须处理好新型农业经营主体与小农户的发展关系，实现二者的协同发展。

国外关于小农经济性质的争论持续了数百年，初步形成了三大理论流派：以舒尔茨为代表的“理性小农”理论，以切亚诺夫为代表的“道义小农”理论和以马克思为代表的“剥削小农”理论。在我国，当前小农户的内涵可以界定为以家庭经营为基础，以家庭成员为主要劳动力，从事农业小规模经营，集生产与消费一体的农业微观经济组织。

一、家庭农场是小农户的一个发展方向

我国小农生产有几千年的历史，“大国小农”是我国的基本国情与农情，当前要处理好培育新型农业经营主体和扶持小农生产的关系，实现小农户和现代农业发展的有机衔接。培育发展家庭农场要坚持以农户为主体，家庭农场是小农户发展的一个方向，要鼓励有长期稳定务农意愿的农户适度扩大经营规模，创建多种类型的家庭农场。

我们可以从组织治理效率和经营特征两个方面来看待小农户与家庭农场之间的差异。

（一）小农户与家庭农场组织治理效率的差异

1. 与小农户相比，家庭农场在要素市场上更具有影响力　在农业生产要素市场上，小农户在与化肥、农药、种子等农资经销商打交道时常常面临着高昂的交易成本，处于信息弱势地位，无法全面了解所要购买农业生产资料的市场信息和科技含量，部分小农户甚至花高价购买了劣质农资，造成较大的经济损失。可见，小农户与农资经销商之间是多对一的关系。比较而言，家庭农场的农资需求有其自身的特点：一次性购置数量较大的农资产品，具有较强的市场谈判能力；为追求利润最大化，购买农资时会进行成本控制，且更偏好高效、药效时间长、低残留的农资；不仅需要农资经销商的农资产品，更需要其相关配套服务，如为农作物提供病虫害防治等；作为农资市场上的优质客户，会成为农资经销商们所追逐的重要目标；为了建立与家庭农场长期稳定的合作关系，农资经销商之间会进行激烈的市场竞争，为家庭农场提供各种形式的促销打折服务，针对家庭农场农资需求的特点构建相应的营销网络服务。可见，家庭农场与农资经销商之间呈现的是一对多的关系。

2. 与小农户相比，家庭农场在农产品销售市场上更具影响力　在农产品销售市场上，小农户的利润常常被农产品收购商所挤占。小农户大多销售渠道狭窄，交易手段

落后，销售产品数量少并且多为没有经过加工的初级农产品。小农户无法分享农产品研发、育种、加工、销售等产业链上的价值增值，而这些环节正是农产品产业链上主要的价值增值环节。与小农户相比，家庭农场在农产品销售市场上能够获取更高的利润。许多家庭农场生产绿色、有机、无公害农产品，为农产品注册商标和打造品牌，占据农产品高端市场，提高了农产品附加值。许多家庭农场拓展生产经营范围，延长农业产业链条，如一些家庭农场以农业生产为依托，大力发展休闲采摘农业，在让消费者体验农业生产乐趣、生态文化的同时获得农产品增值收益。一些家庭农场以自家生产的农产品为原料发展净化、包装、分类等农产品初级加工，甚至有些家庭农场进行农产品深加工，获得农产品加工环节的利润。家庭农场销售农产品的渠道相对比较通畅，既可以将农产品销售给普通的收购商，也可以直接销售给农民专业合作社或农业企业。

3. 与小农户相比，家庭农场能够享受更多的政策优惠　当前小农户组织化率仍然不高，没有形成压力集团，因此无法对政府农业政策的制定与实施产生实质性影响。与小农户相比，家庭农场能够享受更多的政府政策优惠。作为新型农业经营主体，家庭农场的发展壮大自然受到各级政府的重视，有些地方政府甚至将家庭农场的发展作为地方官员政绩考核的目标，针对家庭农场发展中存在的问题给予了大量的政策扶持。在涉农财政政策方面，各级政府通过直接补助、以奖代补、项目扶持等方式，优先给家庭农场安排农业综合开发、农田水利建设、土地整治等项目，支持家庭农场开展农产品质量安全认证、品牌建设、农机购置、种苗繁育、精深加工、市场营销等。在金融保险政策方面，各级政府通过创新农村金融产品和服务、担保保险、贷款贴息等方式扶持家庭农场发展。在土地流转方面，各级政府健全了土地流转服务体系，鼓励土地向家庭农场流转，给予家庭农场土地流转补贴。在人才政策方面，各级政府也将农村人才培训工程向家庭农场倾斜，优先培训家庭农场主。

（二）小农户与家庭农场经营特征的差异

1. 与小农户相比，家庭农场更追求利润最大化　现代小农户愈来愈被广泛和深入地卷入到一个高度开放、流动、分化的社会中，社会化开始成为小农户经济生产、生活的重要标签。社会化在给小农户家庭经济生产、生活注入新活力的同时，也使他们的生活面临着更大的风险和不确定性。这种风险和不确性给他们带来了货币化的压力，其结果是小农户经济围绕着货币而开展，其行为动机是货币收入最大化，以缓解生产生活社会化带来的现金支出压力，而非如理性经济人那样追求利润最大化。与大部分小农户的兼业化经营相比，家庭农场大多将从事农业生产作为一项职业或一项事业来经营，其绝大部分收入也来源于农场的生产经营。它们往往会详细记录家庭农场的每一笔收入和开支，按照边际收入等于边际成本的成本效益核算方式对农业生产经营进行核算，成为以企业经营的理念来经营农场、自主经营、自负盈亏、自我发展、自我约束的现代农业经济组织。

2. 与小农户兼业经营相比，家庭农场农业专业化水平更高 小农户单纯依靠从事农业生产经营，在农业内部无法实现充分就业，家庭经济日常的消费也难以维持。他们往往会选择“农业＋外出打工”兼业经营，从而导致农村社会整体上进入了一种所谓的“制度化的半工半耕的小农经济形态”，农业经营主体的兼业化、低质化趋势愈发严重，劳动生产率难以得到提高。与小农户相比，家庭农场经营规模较大、经济实力较强，家庭成员在农业内部就可以实现较为充分的就业，足以使得其成员安心从事农业专业化生产，从而切实保障我国粮食安全。

3. 与小农户相比，家庭农场更加具备合作意识 对于单个分散的小农户来讲，独立承担合作成本要大于合作所带来的收益，此时单个小农户理性的选择是自己“搭便车”享受他人组织合作的收益，由其他人承担合作行为的成本。正是单个个体的经济理性导致集体的经济非理性，从而使合作行为陷入“囚徒困境”。小农户并非没有合作的意愿，而是无法支付达成合作的成本。相较于小农户，家庭农场经营规模大，即使是单位土地面积成本的少量降低或者单位土地面积收益的少量增加，也会给家庭农场的总收入带来较大的变化。从长远来看，与其他农业经营主体进行合作将会给家庭农场带来更大的利益。因此，家庭农场具有强烈的联合和合作的需求，以此来共同抵御风险、提高农业生产的效率，并且联合起来形成强大的市场主体，提高它们在市场交易中的谈判地位，强化其对抗农业龙头企业的市场博弈力量，改变其在市场上的弱势地位，从而在整个农业产业链上获取更大的收益。

由此可见，与小农户相比，家庭农场与其他相关利益主体博弈时具备更强的讨价还价能力，组织治理效率较高。从经营特征上看，家庭农场以实现利润最大化为目标，更加注重生产要素的优化配置，且农业专业化水平更高，更加具备合作意识。当前，中国农村社会整体上进入了“制度化的半工半耕的小农经济形态”，农业经营主体的兼业化、低质化趋势愈发严重，农业发展面临严峻挑战。因此，必须打破小农经济的这种制度锁定状态，加快推进城镇化进程，降低小农户向农业规模经营主体演化的成本，使小农户沿着“纯农户—家庭农场”或者“纯农户—兼业户—家庭农场”的路径演化，实现小农户向家庭农场的升级。

二、现代家庭农场经营策略

现以甘肃省敦煌市顺天家庭农场为例，介绍种养结合型家庭农场以市场为导向，因地制宜调整经营规模，实现最佳效益的经营策略。

顺天家庭农场位于甘肃省敦煌市郭家堡镇前进村，2015 年 3 月登记注册，因对当地特色产业发展做出了较大贡献，且对周边小农户发展现代农业的带动示范作用明显，先后被评为酒泉市示范家庭农场、甘肃省示范家庭农场。

目前，顺天家庭农场主要由农场主白元河及其妻子、儿子、小女儿 4 人经营管理，并在农业生产季节雇工 2 人，每人月工资为 4500 元左右。顺天家庭农场不仅从事种植、养殖，还向周边小农户提供农机服务，出售饲料和农资，并收购周边农户的农产品销售给合作企业。农场现有饲料加工设备、大型拖拉机、苜蓿收割机、撒肥机等农机具 6 台（套），养殖肉羊、肉驴 20 多头，经营土地 370 余亩，其中 360 亩为流转周边农户的土地，主要种植向日葵、苜蓿以及梨、桃、杏等特色果树。顺天家庭农场主要经历了四个发展阶段。

1. 艰难起步阶段 1991 年，白元河和妻子自制豆芽菜在周边市场销售。1999 年冬天，手头有了些余款的白元河和妻子购进 2000 只鸡苗，想通过规模化养殖发家致富。可惜，由于不懂蛋鸡养殖技术，再加上养殖条件太差，没过多久鸡苗基本全部病死、冻死，最终赔了近 2 万元。第二年，发现肉羊市场行情不错的白元河夫妻一边养羊，一边借钱买了一台农用机动车干起了肉羊贩卖的生意。2003 年，有了养羊经验的白元河夫妻在自家后院搭建了简易羊舍，开始在贩羊的同时从事肉羊育肥，然后又购买饲料加工设备并扩大玉米种植规模，不仅可以为自家肉羊提供饲料，还能向周边养羊户出售自制的或购进的饲料。至此，一个集农作物种植、肉羊养殖（育肥）和贩卖、饲料加工销售于一体的家庭农场初步形成。

2. 迅速发展阶段 2013 年前后，国内肉羊养殖量太大，肉羊价格大幅下滑。顺天家庭农场的年净收益从之前的 60 万 ~70 万元降至不足 20 万元。富有创业精神的白元河又将家庭农场的经营重点从养殖转向了种植，并借助靠近酒泉这个全国制种中心的优势，于 2014 年先后试种茴香、洋葱、孜然、向日葵等作物，其中种植向日葵的效益相对较好。受到鼓舞的白元河在考察安徽、内蒙古的多家瓜子生产企业后，决定大规模种植向日葵，并在 2015 年以每亩 450 元的价格流转本镇土塔村五组耕地 641 亩。为了让流转土地的小农户吃上定心丸，白元河与土塔村村委会签订了 10 年的流转合同，并缴纳了每亩 500 元的风险保证金。另外，为了带动周边农户种植向日葵，顺天家庭农场还与周边小农户签订了葵花子订单收购协议，并邀请向日葵种植专家到田间地头进行技术指导，引导小农户采用农作物测土配方施肥、农作物病虫害绿色防控、看苗施肥、看苗浇水等一系列环境友好型技术。

3. 遭受挫折阶段 2015 年，虽然顺天家庭农场种植向日葵赚了一些钱，但是 2016 年遭遇了自然灾害，600 多亩的向日葵基本绝收，再加上农户订单销售的葵花子质量较差，收购企业压价收购，最终农场不仅没有赚到钱，连每亩地投入的 1500 余元种子、灌溉、雇工等成本都无法收回。一年下来，顺天家庭农场亏损 90 多万元。2017 年，遭受打击的顺天家庭农场大幅减少了向日葵种植面积，将 500 多亩土地改种苜蓿。然而，因灌溉方式不当，导致超过一半以上的苜蓿烂根死亡，给农场造成巨大损失。经历两年的亏损，农场主白元河意识到可能是因为农场土地规模过大导致经营不善，因此决定减少土地经营面积。白元河的连年亏损大家都看在眼里，再加上周边撂荒的土地越来越多，土地流转价格明显下滑。2017 年年底，经镇政府沟通协调，顺天家庭农场获得了土塔村村民的谅解，在支付每亩 300 元的违约金后，将土地流转面积减少至 260 亩左右，每年土地流转费用也下调至每亩 200 元。

4. 积极转型阶段 敦煌市毗邻新疆哈密地区，气候比较适合种植果树，近年来大力发展特色林果产业。考虑到产业发展潜力，结合自身情况，2019 年，顺天家庭农场开始尝试走“集种养加、产供销于一体”的多元化、综合式发展道路。一方面做好家庭农场的种植和养殖。顺天家庭农场在种植 160 亩向日葵、100 亩苜蓿的基础上，又流转 110 亩土地种植梨、桃、杏等特色果树，并尝试从肉驴、肉羊育肥向幼仔繁育拓展。另一方面为周边农户提供多种农业服务。顺天家庭农场利用自有农业机械和采购、销售渠道优势，积极为周边小农户提供农机作业、农资采购和农产品销售等服务。此外，顺天家庭农场还打算结合敦煌的旅游资源，探索发展田园观光、生态采摘等业务。

顺天家庭农场的经营情况表明，从事现代农业，不仅要有务农热情，还要有经营管理能力和经济实力。具体来看，这个案例主要有以下三点启示：一是创办家庭农场要有较强的农业经营管理能力和一定的经济实力。家庭农场经营规模一般较大，因而自然风险、市场风险和经营管理风险也被集中和放大。为了减少经营风险，获得发展优势，家庭农场主最好专注于自身有经验积累或者独特优势的领域。二是家庭农场经营规模要坚持适度原则。超出适度规模，不仅会导致粗放经营，影响经营效率，还会造成各种风险过度集中，影响农场经营的稳定性。至于多大规模才是适度，需要家庭农场主根据自身经营管理能力，考虑种植类型、养殖品种等因素，作出合理判断。三是家庭农场主要量力而行、顺势而为。获得经营收益是家庭农场生存发展的前提。农场主发展家庭农场，既要立足地方实际和市场行情，考虑种植类型、养殖品种等，又要结合自身经营能力和特殊优势，追求稳定的经营收益。（资料来源：2020 年农业农村部政策与改革司家庭农场培育发展第一批全国家庭农场典型案例）

第二节　家庭农场与农民专业合作社

新型农业经营主体对农民生活、乡村振兴战略及建设新时代中国特色社会主义经济社会起着重要作用。随着农业现代化科技创新发展，新型农业经营主体本着“创新、协调、绿色、开放、共享”的发展理念，与时俱进。家庭农场和农民专业合作社均是新型农业经营体系的重要组成部分。自《中华人民共和国农民专业合作社法》实施以来，农民专业合作社取得了快速发展。2017 年 12 月《中华人民共和国农民专业合作社法》修订通过并予以公布，农民专业合作社迎来了规范发展、健康发展的新契机。家庭农场、农民专业合作社等新型农业经营主体和谐共生，优势互补，强强联合，已成为新时代乡村产业振兴的蓬勃力量。

一、家庭农场与农民专业合作社的联系与区别

当前家庭农场已成为重点培育的一个新型农业经营主体，需要对家庭农场与农业专业大户、农民专业合作社、农业龙头企业等其他农业经营主体之间存在的区别有清晰认知，以此把握家庭农场的正确发展方向、找准家庭农场在整体农业经营体系中的具体定位，推动家庭农场这一重要农业经营模式实现创新发展。本质上，虽然家庭农场与其他农业经营主体之间存在着客观区别，但却并没有高低优劣之分，因此需要科学把握不同农业经营主体的特征，有针对性地促进不同农业经营主体发展，以经营模式与制度的创新发展带动全国农业整体发展，有效促进“三农”问题解决，提高农民生活水平与生活幸福感。

1. 农民专业合作社的产生 农业产业化经营催生了众多实力雄厚的新型农业经营主体，而小农户规模小、势单力薄，实力和地位无法与农业龙头企业等规模化经营主体抗衡，在农业产业化链条中挣扎求生。摆脱弱势、融入现代农业进程的迫切需要，驱使小农户抱团取暖，联合起来成立农民专业合作社，避免单打独斗，进行互助合作，以合作社的名义与其他经营主体交易。如开展统一的农资采购、联合的规模化农业生产、品牌化的农产品加工销售等，大大提升了交易体量，节约了生产经营成本，增强了市场话语权和抗风险能力，实现了农产品提质升值，成为农业产业化经营不可忽视的重要力量。

根据2017年修订的《中华人民共和国农民专业合作社法》的规定，农民专业合作社是在农村家庭承包经营基础上，同类农产品的生产经营者或同类农业生产经营服务的提供者、利用者，自愿联合、民主管理的互助性经济组织。农民专业合作社包括农资购销、农机服务、金融互助、劳务合作、种植养殖、土地股份制、社区合作等互助合作类型。截至2019年10月底，全国登记注册的农民专业合作社达220.3万家。

农民专业合作社是众多农户和家庭农场联合在一起的组织，家庭农场可以成为合作社的成员。合作社为成员提供农资、技术、农机、销售等服务。本质上，农民专业

合作社还是农民在自己土地上种植，只是“抱团闯市场”。

2. 家庭农场与农民专业合作社之间的联系

（1）家庭农场、农民专业合作社使用的农业生产用地，都是来自农户委托农村集体经济组织统一流转或者成员以其经营权入股的土地。

（2）家庭农场可以发起或者加入农民专业合作社，可以与农民专业合作社形成产业联合体。

（3）家庭农场和农民专业合作社都是新型农业经营主体，是发展农业产业、促进农民增收、实现乡村振兴的重要形式。

（4）农民专业合作社具有带动农户、组织大户、对接企业、联结市场的功能，具有提升农民组织化程度的作用，可以为家庭农场、专业大户提供资金、信息、农业技术、农业生产资料和农产品的供销、农副产品的初加工和深加工等全方位的社会化服务，可增强家庭农场、专业大户的技术风险、自然风险和市场风险防范能力。

3. 家庭农场与农民专业合作社之间的区别

（1）成员组成不同。家庭农场以家庭为基本经营单元，农民专业合作社成员不受家庭限制，5名以上成员即可发起成立农民专业合作社，且农民成员占比不低于80%。

（2）登记注册方式不同。家庭农场的主要经营者可按个体工商户的条件向市场监管部门申请登记注册，而农民专业合作社可依法登记为特别法人。

（3）分配方式不同。家庭农场自主经营、自负盈亏，如有盈余归家庭农场所有。农民专业合作社自主经营、自负盈亏，如有盈余，可分配盈余主要按照成员与合作社的交易量（额）比例返还，返还总额不得低于可分配盈余的60%；返还后的剩余部分，以成员账户中记载的出资额和公积金份额，以及合作社接受国家财政直接补助和他人捐赠形成的财产平均量化到成员的份额，按比例分配给合作社成员。

（4）实现规模经营的前提和途径不同。家庭农场是在农民由农业向非农业转型的前提下，通过土地流转的方式，让继续从事农业生产的农民扩大耕地面积，实现土地的适度规模经营。农民专业合作社通过生产同类农产品农户的联合，实现土地的规模化经营，没有改变农户原先的农业生产经营方式，也没有改变农户的性质。农民还在原先的土地上劳作，没有实现从第一产业向二三产业的转型。

随着工业化的发展，二三产业结构比重不断增加，第一产业劳动者的数量逐步减少，越来越多的农民转移到二三产业中，客观上为“留守”农村的种田能手提供了可供流转的土地。城镇化的发展为农民创造了大量的就业机会，城镇教育、医疗、卫生、社会保障制度的不断完善也为农民在城市的发展提供了相关的制度保障，实现了从农民到市民的转变。劳动力从第一产业转移到二三产业，农民变为市民不是单纯的农业人口移动，而是农民从经济地位到社会地位等方面发生脱胎换骨的转变，由农民向非农民转型的过程。工业化进程带动了农民的转型，农民的非农转型为农村土地流转提供了客观基础。继续“留守”农村的种田能手通过流转土地扩大了人均土地规模，提高了农业机械化水平，推广了农业技术，培养了市场意识，为从传统农民向新型职业农民的转型创造了条件。

农民专业合作社主要是通过联合生产经营同类农产品的农户或企业的方式实现了农业的适度规模经营。其规模的扩大主要是通过联合分散的农户实现的，是在农民没有离开土地，农民人均土地规模也没有扩大的基础上实现的规模化。《中华人民共和国农民专业合作社法》明确，合作社的成立条件之一是至少需要 5 名以上符合相关规定的成员。农户可以在不流转土地，继续从事原先农业生产，但与合作社签订农产品购销合同的条件下加入合作社，形成合作社经营规模；也可以通过将土地流转给合作社，由合作社统一集中连片经营的方式加入合作社，形成合作社经营规模。

农民专业合作社是通过外部联合取得法人资格的经济组织，是一种经济联合体，是联结农户、企业和市场的桥梁和纽带。未加入合作社前，农户较为分散、力量弱小，抵御市场风险的能力差。农民专业合作社将农户组织起来壮大规模，以多元化合作的方式共同参与市场竞争。虽然通过联合实现了农业生产规模的扩大，但各农户联合形成的组织内部结构相对松散，合作社内部存在信息沟通不畅、利益摩擦等问题，是一种外延式的规模扩大。

家庭农场的规模经营是在农业人口大量减少的条件下，农民实现非农业转型，农场经营者通过土地流转方式获得集中连片土地的经营权，实现农场内部自身规模的扩大，是在农民人均土地规模扩大的基础上实现的适度规模化。可以说家庭农场实现的农业规模化不只是把土地集中起来采用机械化做到了规模经济，也是从人均土地规模扩大的角度做到了规模经济，可见在家庭农场发展过程中土地的规模经营与农业剩余劳动力的转移缺一不可。

（5）农民专业合作社与家庭农场的经营方式存在差异。我国目前的农业经营模式主要可概括为两种：一是家庭经营模式，二是企业经营模式。农民专业合作社本质上并不是一种经营模式，而是在家庭承包经营的基础上，为了农业生产中采购、销售、农机服务等共同利益组合在一起的经济联合体。农民专业合作社本应通过对分散农户的联合，降低小规模农户经营的市场风险，形成“农户 + 农户”的合作社模式，但现实中“企业 + 合作社 + 农户”“公司 + 合作社 + 农户”的农民专业合作社模式已形成了事实上的企业、资本主导的企业经营模式。

在农业生产中，家庭经营要比企业经营更有效率。因为家庭是以血缘、婚姻、亲缘等为纽带形成的较为稳定的一种组织形式。家庭本身就具有生产性，家庭亲情使家庭成员之间存在利他主义倾向。家庭成员之间信息、资源、产品共享，几乎不存在明显的信息不对称。为了家庭的长远发展，家庭成员有着高度一致的共同目标，相互信任，彼此了解，为了共同目标，会人尽其能，物尽其用，有较高的生产效率。家庭成员之间的互惠性质使家庭生产中不存在复杂的劳动计量、监督和管理，减少了监督和管理成本，适合农业生产自然性强、劳动分散、不易监督等特点，是农业生产先天最适的组织。

二、“家庭农场 + 农民专业合作社”的内涵

实施乡村振兴战略，需要培育适度规模经营的新型农业经营主体。2019 年 2 月，《中共中央　国务院关于坚持农业农村优先发展做好“三农”工作的若干意见》发布，强调“突出抓好家庭农场和农民专业合作社两类新型农业经营主体”。家庭农场和农民专业合作社的紧密联结是大势所趋。

“家庭农场 + 农民专业合作社”是应重点发展的农业产业化经营新模式。以适度规模经营的家庭农场为基础，组建农民专业合作社，是创新农业生产经营组织体制的有效途径。“家庭农场 + 农民专业合作社”是坚持农业家庭经营的基础性地位，以家庭农场集约化、专业化、规模化的生产经营为基础，合作社为依托的农业产业化经营模式的创新。

“家庭农场＋农民专业合作社”具有天然的联合共生属性，该模式基于经营类型的相同或相近原则，以农民专业合作社为依托、以家庭农场为主要力量，结成利益联盟，联合开展农业产业化经营活动，是现行分散小农户农业生产经营基础上的制度创新。农民专业合作社发挥组织优势，整合集体力量，实施企业化管理，提高了农民生产力和农产品市场竞争力。通过将原先分散的土地整平，化零为整，统一协调，提高了农业的规模化。而家庭农场以家庭成员为主要劳动力，耐挫力、抗压力强，与传统小农户相比又具有一定的规模化和专业化优势。两种经营主体的有效联合可以优势互补，实现倍增效益。

在政策层面，2019年中共中央、国务院印发了《关于促进小农户和现代农业发展有机衔接的意见》，强调突出抓好家庭农场和农民专业合作社两类新型经营主体，从小农户中培育一大批规模适度的家庭农场，支持农民专业合作社发展农产品加工流通，赋予双层经营体制新的内涵，为“家庭农场＋农民专业合作社”的联合发展提供了基本遵循。

作为适度规模经营的新型农业经营主体，家庭农场和农民专业合作社长期共生，具有发展、壮大、做强、创优的共同诉求。家庭农场的发展有赖于诸如农资供应、统防统治、收储烘干、加工销售等完善的社会化服务，而农民专业合作社是其天然可靠的合作伙伴，能够在农技支持、农机保障、渠道开拓等方面提供优质高效服务。另外，农民专业合作社欠缺自生能力，没有家庭农场的农业生产经营活动支持也会成为无源之水。家庭农场能够为农民专业合作社的长远发展提供不竭源泉。家庭农场和农民专业合作社联合起来，积极利用互联网技术发展直销配送、会员制消费、微信营销等模式，产品销售范围可大幅拓展，还可以发展观光农业、休闲农业、体验农业、康养产业，拓展农业多功能价值，促进农村产业兴旺。

总而言之，家庭农场、农民专业合作社等新型农业经营主体和谐共生，优势互补，强强联合，已成为新时代乡村产业振兴的蓬勃力量。家庭农场、农民专业合作社作为当前需要突出抓好的两类新型农业经营主体，具有合作的必要性和可行性。构建“家庭农场＋农民专业合作社”发展模式，并积极引入产业下游组织，延伸产业链条，对于推动小农户和现代农业发展有机衔接，促进现代农业产业化发展具有现实意义。

三、省级示范家庭农场＋农民专业合作社的发展路径

现以四川开江县鸿发家庭农场为例，介绍省级示范家庭农场＋农民专业合作社的绿色发展路径。

鸿发家庭农场位于四川省开江县广福镇夏家庙村。农场主方庆林是一个立志扎根乡村、改变乡村、发展乡村的90后年轻人。2012年，方庆林继承父业，开展生猪养殖。2013年11月登记成立家庭农场，主要经营生猪、家禽养殖销售，生姜种植及销售。家庭农场成立当年，农场出栏商品猪800多头，利润达到16万元。2018年，农场出栏商品猪3876头，实现经营收入781.48万元，实现净利润85.72万元。目前，农场建有生猪标准化养殖场1个，建成标准化生猪养殖圈舍6000平方米，占地50亩左右；家庭成员5人，长期雇工2人，存栏生猪共3640头。辐射带动广福镇3个村共43户贫困户实现脱贫致富。2017年，鸿发家庭农场被评为四川省畜禽标准化示范场。2018年，被评为四川省省级示范家庭农场。

1. 开展高标准生猪养殖，推行“绿色、生态、安全”发展 一是推进标准化规模养殖。鸿发家庭农场按照“畜禽良种化、养殖设施化、生产规范化、防疫制度化、粪污无害化”的标准化要求，突出抓好畜禽粪污无害化治理，扩建圈舍，购置安装风机、水帘等温控设备，购置自动料线、自动水线等自动化饲养设备，以及产床、保育栏等设备，实现养殖设施化，养殖场科技含量不断提高，标准化水平不断提升。二是不断提升养殖技术。鸿发家庭农场以16.8万元的年薪聘请了一名高级畜牧师，专门负责猪场管理和养殖技术。家庭农场其他成员向畜牧师学习新知识、新技术，农场成员养殖技术水平持续提高。同时，农场引进“外二杂”母猪，进行自繁自养，同栋圈舍采取“同进同出”，加强投入品、休药期和防疫管理，逐步实现了生产规范化。三是推行生态发展模式。2014年夏天，农场因猪粪处理不当，造成河水污染，导致饮用河水的生猪死了300多头，这给农场发展带来了沉重打击。方庆林深刻认识到，生猪养殖必须注重环保，走生态发展之路。此后，鸿发家庭农场与广福镇优质茶叶生产基地签订粪污消纳合同，养猪产生的粪尿等排泄物通过猪场发酵处理，全部用于广福镇福龟产业有限公司茶叶种植基地，对转变畜牧业生产方式、实行畜禽养殖废弃物资源化利用起到了良好的示范带动作用。

2. 推进产业化经营，带动适度规模养殖户发展 一是围绕市场需求安排养殖。家庭农场从建设伊始，就注重标准化规模养殖与产业化经营相结合，坚持以销定产，不断调整养殖结构，淘汰低产能繁母猪，减少存栏量，降低周转资金投入。农场通过转变饲养方式，由全工业饲料饲养转变为浓缩料自配料饲养，尽可能增加青贮玉米饲料饲喂，每吨饲料降低成本 400 元左右。根据市场预测，延长出栏时间 30~50 天，生猪由原来的 125 公斤出栏标准延长至 150 公斤，不仅降低了养殖成本，还提高了猪肉品质，实现了规模养殖与市场的有效对接。同时，农场定期与开江县、达州市生猪屠宰加工厂联系，实行询价销售，不断提高养殖效益。二是多维度发挥示范带动效应。农场通过发挥杜洛克优良种公猪优势，在周边乡镇大力推广优质“外三元”杂交商品猪，为周边养殖户免费开展生猪养殖培训，提高了当地生猪质量。农场通过兽药等销售，参与适度规模养殖场疫病预防、消毒管理等，降低了生猪养殖死亡率，提高了当地标准化规模养殖效益。三是实行带动式销售策略。家庭农场长期坚持将市场信息、销售价格等信息通过微信群等方式，传递给适度规模养殖户，拓宽了周边养殖户销售渠道，不断提高养殖户生产经营能力。

3. 不断健全规章制度，提高家庭农场管理水平 一是加强管理制度建设。鸿发家庭农场建立完善了疾病防控、消毒管理、饲养管理等管理制度，并按照家庭成员的岗位职责，明确了工作目标任务。其中方庆林负责投资和经营管理，其他家庭成员负责饲养管理和财务工作，外聘技术人员负责技术指导，逐步形成了分工明确、责任落实的管理体系。二是提升农场管理水平。家庭农场参照企业管理的要求，建立健全了财务管理制度，实行了绩效考核。家庭成员各自负责一栋猪舍，猪的成活率、发病率、饲料消耗量、饲料报酬等指标均纳入考核范畴，考核结果与月工资、年终分红挂钩，有效提高了家庭成员工作的积极性。

4. 积极参与脱贫攻坚，扎根乡村造福农民 一是发展产业脱贫致富。家庭农场将产业发展与精准扶贫工作有机结合起来，吸纳精准识别贫困户小额贷款入股，与精准识别贫困户签订入股分红协议，对贫困户入股采取“保底分红”模式，年分红比例不低于股金的 3.75%。2018 年，农场共分红 15.05 万元，户均分红达到 3500 元。二是吸纳农户务工增收。农场发挥立足本地、贴近百姓的优势，在沼液排灌、猪粪干湿分离、物资装卸等季节务工方面，优先聘用当地有劳动能力的贫困户，以增加其务工收入。对于有意愿自己养殖的农户，农场免费提供技术，联系销路，宣传推广养殖方法，帮助他们摆脱贫困。

鸿发家庭农场开展标准化规模养殖，与其他规模养殖户联动发展，取得了良好的经济效益和社会效益。这个案例体现出鸿发家庭农场独特的内在特质：一是重视和追求技术进步。家庭农场主对技术更加敏感，尽可能追求技术进步带来的生产效率最大化、经营效益最大化。二是市场化导向意识突出。家庭农场更加重视市场，与市场的互动和对接更加充分。三是合作倾向更为强烈。鸿发家庭农场通过养殖技术推广、市场信息传递共享等方式带动其他规模养殖户的发展，积极吸纳贫困户入股，体现出明显的合作倾向。可见，在一定的发展条件下，家庭农场有可能成为当地各类经营主体协同发展的发动者和参与者，在促进农业农村优先发展中发挥更大的作用。（资料来源：2020 年农业农村部政策与改革司家庭农场培育发展第一批全国家庭农场典型案例）

第三节　家庭农场与农业龙头企业

在实施乡村振兴战略、发展现代农业和乡村产业的过程中，需要家庭农场积极参与，然而农业龙头企业的引领和中坚作用更是不可替代。在推进农业延伸产业链、打造供应链、提升价值链过程中，农业龙头企业发挥了家庭农场不可替代的重要作用。家庭农场与农业龙头企业共生共长，是实施乡村振兴战略的时代要求。

在推进农业产业化经营实践中，农业龙头企业是农业生产各环节现代要素的引进者和释放者，是农产品产后加工和流通的骨干力量和中坚力量，不同程度地发挥着“领头羊”的作用。农业龙头企业与家庭农场的功能和作用有所不同，各有各的比较优势和相对劣势，有着竞争合作、优势互补的关系。

一、农业龙头企业对家庭农场的带动作用

在不同地区之间，新型农业经营主体在农业经营体系中的实际地位有所不同，家庭农场和农业龙头企业发展水平也有一定差别。大量事实证明，无论是当前实施乡村振兴战略，还是之前建设社会主义新农村，家庭农场和农业龙头企业均是重要参与者和贡献者。发展现代农业和乡村产业，需要家庭农场和农业龙头企业共同成为生力军。带动农民就业增收，需要家庭农场和农业龙头企业同小农户结成“命运共同体”，协力提供“机会红包”。在此方面调动一切积极因素“做大蛋糕”，要求家庭农场和农业龙头企业“一个都不能少”。众人拾柴火焰高，现代农业产业链、现代乡村产业体系，应是由不同农业经营主体共同参与的“大家庭”，在实际运行中，农户、家庭农场、农民专业合作社和农业龙头企业之间往往有着千丝万缕的产业链关联。

（一）家庭农场和农业龙头企业理应优势互补、和谐共生

在实施乡村振兴战略、发展现代农业和乡村产业的过程中，家庭农场和农业龙头企业往往各有千秋，也各有不足。相对而言，多数家庭农场规模小、层次低、实力弱，但本土根植性和对农户的亲和力强，易与农户结成“命运共同体”。多数农业龙头企业经营规模大、理念新、实力强、价值链层次高，对外联系网络发达、产业链运作和规模化创新优势明显，但与农户之间交易成本高，需要经历一个相互信任的过程。因此，为发展农业农村经济、促进小农户与现代农业发展有机衔接，应鼓励家庭农场与农业龙头企业加强合作，借此各展其长，优势互补。应推动家庭农场和农业龙头企业由参与乡村振兴的“独唱”转变为“大合唱”，由发展农业农村经济的“独舞”转变为“集体舞”。让家庭农场和农业龙头企业互相通过“借势发展”，更好地带动“造势发展”，增强对农户的辐射带动能力。

（二）农业龙头企业可成为家庭农场转型升级的加速器

当前，家庭农场与农业龙头企业的关系可谓千姿百态。但就多数情况而言，农业龙头企业对家庭农场的转型升级发挥着重要引领和示范作用。许多家庭农场依托农业龙头企业的引领带动，加速克服发展质量不高、带动能力不强的问题。不少农户通过到农业龙头企业就业或加盟农业龙头企业主导的产业链，在增加收入的同时，开阔了

视野，拓展了营销渠道，提升了技术和经营能力，顺利实现了规模扩张和能力提升，有效实现了从农户向家庭农场的转型。

农业龙头企业的引导和支持，不仅能有效促进家庭农场自身发展，也为增强家庭农场对农户示范带动能力提供了坚实支撑。许多家庭农场的成立，旨在解决小农户解决不了、解决不好或难以经济合理地解决的问题。农业龙头企业凭借其规模、资金、经营理念和社会网络等优势，可帮助家庭农场解决其解决不了、解决不好或难以经济合理地解决的问题，可进一步提升家庭农场的发展势能。

（三）农业龙头企业往往是与家庭农场合作的主导者

近年来，随着现代农业发展和农业产业化经营的推进，农业龙头企业与家庭农场、农业生产性服务组织的合作迅速深化。在许多地方，“龙头企业 + 家庭农场”“龙头企业 + 农民合作社 + 家庭农场”等组织创新日益活跃，带动农业产业化经营和农民就业增收成效显著，是农业龙头企业与家庭农场、农民专业合作社联合合作的生动写照。借助这些合作，农业龙头企业与家庭农场、农业生产性服务组织之间实现了“抱团取暖”、相得益彰和共生成长。在多数合作中，农业龙头企业往往发挥着家庭农场难以替代的主导作用，这在近年来蓬勃兴起的农业产业化联合体中表现得尤其突出。在较为成熟、运行稳定的农业产业化联合体中，农业龙头企业是现代农业产业链的组织者、农业生产性服务综合集成商，也是品牌、标准、市场等战略性资源的控制者。农业龙头企业的资源整合、要素集成、市场营销和拓展提升能力，在很大程度上决定了农业产业链的竞争力、农业供应链的协调性和农业价值链的高度。

二、“龙头企业 + 家庭农场”现代农业产业化经营模式

现以温氏食品集团股份有限公司为例，介绍“龙头企业 + 家庭农场”的现代农业产业化经营模式。

温氏食品集团股份有限公司（以下简称“温氏股份”），创立于 1983 年，是一家以养鸡、养猪业为主导，兼营食品加工和生物制药的跨地区的大型畜牧企业集团。温氏股份现为农业产业化国家重点龙头企业、国家级创新型企业，组建有国家生猪种业

工程技术研究中心、国家企业技术中心、博士后科研工作站、农业农村部重点实验室等重要科研平台，拥有一支由10多名行业专家、68名博士为研发带头人，531名硕士为研发骨干的高素质科技人才队伍。同时，温氏股份掌握了畜禽育种、饲料营养、疫病防治等方面的关键核心技术，拥有多项国内领先、世界先进的育种技术。

温氏股份实行“龙头企业+家庭农场”的现代农业产业化经营模式，与合作的各个家庭农场建立起了紧密的利益联结机制，扩大了养殖规模，降低了劳动强度，提高了养殖效率，在带领农民致富、带动农民增收等方面起到了积极的作用，创造了较好的经济效益和社会效益。

1. 以信息技术实现养殖的标准化和可追溯性 经验型农户散养生产方式不可持续，想要持续发展必须实现养殖生产过程的标准化、规范化和信息化，而“龙头企业+家庭农场”机制确保了这一目标的实现。温氏股份成为标准的制定者和生产过程管控的监督者，家庭农场也具备了标准化、规范化的条件，按照要求在生产中实施。第一，在标准化饲养生产方面，温氏股份致力建立畜禽现代养殖社区，统一规划各养殖基地，并制定基础设施及管理标准，实现“五统一”规范化管理。第二，养殖生产全过程的信息化管控。信息技术的应用使得养殖业生产过程的标准化成为可能。一方面，技术员现场手持掌上电脑（PDA）终端进行实时管理，如果发现了不符合养殖标准的地方，即可用PDA拍照上传，用于对养殖水平的打分评估，并直接与养殖户利益相联系；另一方面，在每个鸡（猪）舍内都安装了射频识别（RFID）芯片，RFID与PDA结合应用，对每批肉鸡（猪）的饲料领取、出栏、防疫时间及喂养食量等信息实施全过程监控，建立了养殖数据档案。第三，以物联网确保产品质量可追溯。温氏集团开发了覆盖整个产业链的应用软件系统，实现了生产经营核心环节的信息化管理，以及物流、资金流、数据流的同步一致，实时反馈并有效管控分支机构的运营状况。

2. 以现代生物科技创新养殖模式 传统农户不具备现代生物技术创新的能力，那么家庭农场是否具备呢？答案同样是否定的。在与家庭农场合作中，温氏股份承担了创新者的角色。第一，温氏股份重视养殖技术的研发与新品种引进，先后育成多个优质肉鸡和多个肉猪新品种。第二，在禽畜疫病防治技术方面取得系列成果，如禽流感、传染性囊病、马立克氏病、口蹄疫等综合防治达国内领先水平。第三，开发了优质鸡营养与配合饲料技术，建立了肉鸡上市日龄的预测模型。结合新型饲料添加剂配合技术，研制出温氏中猪饲料和大猪饲料。与小农户比较，家庭农场是具有能力的科技应用者。养殖技术含量增加，标准化要求提高，原材料价格与养殖成本上升，这些都是小农户难以承担的。

3. 以设备自动化推动养殖机械化　温氏股份是自动化机械设备的设计生产者与供应者，家庭农场是设备的购买使用者。随着劳动力成本的提高，资本对劳动的替代成为可能，也为温氏股份畜禽养殖自动化机械的研发和生产提供了条件。以一个容量为5000只左右的普通鸡舍为例，采用人工喂料方式，每天饲喂3次通常需6小时，而自动喂料只需18分钟，效率提高了20倍。

4. 以环保技术促进养殖生态优化　现代农业要求实现人与自然和谐共生，生态环境良性可持续发展。养殖业中畜禽粪便对环境污染严重，而在家庭农场小规模养殖条件下，不具备环境治理的规模经济效应，难以实施污水处理。家庭农场可在龙头企业温氏股份的示范带动下，在实现规模效益的同时，践行环保标准，将外部效应内部化，实现生态环境的良性可持续发展。

第四节　家庭农场与农业社会化服务组织

1983年，在以江苏苏州太仓市沙溪镇为代表的个别地方成立了“农业服务公司”，媒体报道首次使用了“专业化服务”的概念。2008年10月，《中共中央关于推进农村改革发展若干重大问题的决定》提出“要加快构建以公共服务机构为依托、合作经济组织为基础，龙头企业为骨干、其他社会力量为补充，公益性服务和经营性服务相结合、专项服务和综合服务相协调的新型农业社会化服务体系”。党的十八大以来，国家对发展农业社会化服务作出一系列重要指示。2013年，中央农村工作会议召开，会议指出，要加快构建以农户家庭经营为基础、合作与联合为纽带、社会化服务为支撑的立体式复合型现代农业经营体系。2017年，党的十九大报告中要求“健全农业社会化服务体系，实现小农户和现代农业发展有机衔接”。

可见，党中央、国务院高度重视农业社会化服务工作，将农业社会化服务作为“三农”领域的一项重要工作，一直在不断推进。截至2020年年底，全国农业社会化服务组织数量超90万个，农业生产托管服务面积超16亿亩次，其中服务粮食作物面积超9亿亩次。农业社会化服务组织的发展促进了农业综合生产能力的提高，促进了农民收入的提高，在农业生产和农村经济社会发展中发挥着巨大作用。

一、农业社会化服务组织概述

农业社会化服务组织是指为满足农业生产需要，为农业生产的经营主体提供各种服务的社会经济组织。农业社会化服务组织是农业由孤立、封闭的生产方式转变为分工细密、协作广泛、开放型的生产方式过程中的产物，是传统农业向现代农业转化的重要标志之一，是现代农业经营体系的重要组成部分。

农业社会化服务组织的划分有很多方式，但究其本源可以发现农业社会化服务主要有两种推动力量，分别是政府和市场，因此可以将农业社会化服务组织划分为利益取向不同的两大类型服务组织，即农业公共服务组织与农业经济服务组织。

（一）农业公共服务组织

农业公共服务组织是指由政府主导建设和运行的农业服务组织，是农业社会化服务体系的重要依托。农业公共服务组织以提供公益性服务为初衷，它在为农民和农业经营主体提供服务时没有或较少存在自身收益考量。农业公共服务组织一般是通过从国家到地方各个层面自上而下分别设立农业服务中心或农业服务站，在村级单位建立村科技组或村科技示范户来向农民和农业经营主体提供服务。

（二）农业经济服务组织

农业经济服务组织是以市场运行为法则，以经济效益为中心的农业服务组织，它们在为农民和农业经营主体提供服务的同时追求收益最大化。与农业公共服务组织不同，农业经济服务组织自负盈亏，能够有效补充农业公共服务组织难以达到的或效率不佳的服务领域。农业经济服务组织还可以继续细分为两类：一类是以龙头企业为代表的盈利性服务组织，为农民和其他农业经营主体提供有偿的农业服务；另一类是与农民处于平等地位的农民自发形成的专业服务合作社、农业生产协会、农业生产联盟等服务组织。

二、农业社会化服务组织对家庭农场的作用

（一）分散家庭农场经营风险

农业社会化服务组织依托其在某一领域或多个领域的专业化优势，不仅能够满足家庭农场多重生产经营需求，帮助解决家庭农场在生产经营过程中可能遇到的问题，促进家庭农场主对农业生产经营有更加清晰全面的了解和认识，有利于家庭农场合理化经营，避免盲目经营和跟风生产。换句话说，农业社会化服务组织能够降低家庭农场在生产销售阶段因自然风险、市场风险等带来的损失，一定程度上提高了家庭农场抵御风险的能力。

（二）促进家庭农场健康发展

改革开放以来，以家庭联产承包为基础、统分结合的双层经营体制，在“分”的方面做得相对较好，将土地包产到户，有力地调动了农民的生产积极性，但在“统”的方面做得相对不足。当前家庭农场在生产经营中，面临着许多一家一户办不了、办不好、办起来不划算的事情。特别是近年来农村青壮年劳动力大量进城务工，农村从事农业的人数急剧减少，农业生产资料价格在不断上涨，借助农业社会化服务组织，可以强化双层经营中“统”的功能，为家庭农场生产经营提供便捷、高效、成本低廉的服务，有利于发挥家庭农场规模化、标准化、集约化经营优势，坚持家庭经营在农业中的基础性地位，促进家庭农场的进一步发展。

（三）助推家庭农场现代化

家庭农场生产经营涉及产前、产中、产后等各个环节，仅仅依靠家庭农场自身难以面面俱到，这就需要具有各种功能的农业社会化服务组织的参与。通过农业社会化服务组织，可以将各种现代农业生产要素注入家庭农场，能够为家庭农场提供

全方位服务，包括家庭农场现代农业装备的普及、现代农业技术的应用、现代农业经营理念的形成以及现代农场主的培养等，是提高家庭农场组织化程度、解决农业小生产和大市场矛盾的重要手段。通过家庭农场现代化，进而加快推进农业现代化的步伐。

三、农业社会化服务组织为家庭农场提供服务的范畴

1. 开展农业技术推广服务 农业社会化服务组织可与家庭农场进行科技对接，开展农业新品种、新技术的示范和推广。

2. 开展农资集中采购服务 农业社会化服务组织可对家庭农场开展集中采购和供给种子种苗、农药兽药、化肥等农业投入品，开展农资连锁经营和区域性集中配送。

3. 开展农产品营销服务 农业社会化服务组织可帮助家庭农场打造农业品牌，拓宽销售渠道，开展农产品网络营销和农产品展销活动，促进产销有效对接。

4. 开展农产品质量监测服务 农业社会化服务组织可帮助家庭农场开展农产品检测和农产品质量追溯管理。

5. 开展政策咨询和信息咨询服务 农业社会化服务组织可围绕家庭农场农业生产、产品营销、市场经营、物流配送等各个环节提供政策咨询和信息咨询等服务，满足家庭农场实际需要。

6. 开展创新服务 农业社会化服务组织可以对家庭农场采取入股分红、技术承包、利益返还等服务模式，在农业生产、产品销售、冷藏保鲜、产品加工、市场营销等环节开展联合的合作式服务；农业社会化服务组织可根据家庭农场的个性化需求，提供“一对一”的精细化订单式服务；农业社会化服务组织可与家庭农场就耕、种、管、收等生产环节，烘干、储藏、保鲜等加工环节，动植物保护、疫病防治等服务环节中的一个或多个环节，签订托管协议，接受委托进行生产、经营和管理；农业社会化服务组织可利用其技术、人才、资金、设备、管理以及产品品牌、电子商务、营销网络、物流设施等优势，向家庭农场提供产前、产中、产后全程化服务。

四、家庭农场与农业社会化服务主体高质量发展

现以江苏省泰州市姜堰区家庭农场服务联盟为例，介绍家庭农场与农业社会化服务主体相互合作，抱团发展的生产服务链。

江苏省泰州市姜堰区顺应农业农村发展新形势和农业社会化服务新需求，引导村集体牵头建设为农服务综合体，并以此为平台，广泛吸纳区域内的家庭农场、小农户等农业经营主体，并联合农机、植保、农资销售、粮食收购、银行、保险等服务主体，组建镇域性的家庭农场服务联盟，将经营主体和服务主体有机联合在一起，结成利益共同体。各类主体相互合作、抱团发展，形成全过程、全方位的生产服务链，弥补了家庭农场和小农户普遍缺乏全程社会化服务的短板，实现了农业生产提质增效。

1. 创设服务主体，组建服务联盟　姜堰区以村集体经济合作社领办为前提，大力引导村级为农服务综合体建设。村级为农服务综合体主要以村集体领办的合作社形式建设和存在，硬件上以建设农机具库、粮食烘干房和投入品仓库为主，服务对象主要覆盖村域范围内的农业经营主体，每个为农服务综合体的建设投入一般在 150 万 ~200 万元。2018 年，姜堰全区以 5000 亩左右为服务单元，建成了 101 个村级为农服务综合体，建成农机具库 6.36 万平方米、粮食烘干房 3.18 万平方米、投入品仓库 2.35 万平方米。在完成村级服务综合体建设的基础上，为解决其服务功能单一、辐射范围不广的问题，每个乡镇内又优选 1~2 个地理位置优、服务组织全、辐射能力强的综合体，广泛吸纳家庭农场、小农户、农机植保专业合作社、农业服务企业等主体联合组建成镇域性的家庭农场服务联盟，开展更大范围、更高层次的联合，为联盟成员提供综合性的社会化服务。目前，全区 16 个乡镇已组建家庭农场服务联盟 20 个，实现了全区农业乡镇全覆盖。

2. 创新服务方式，满足多样需求　组建镇域性的家庭农场服务联盟，将经营主体和服务主体广泛联合在一起，将为农业社会化服务的供需双方变为服务联盟的内部成员，既提高了服务效率，又满足了互利共赢发展需求。一是吸纳家庭农场互助服务。一些家庭农场农机具充足，除了满足自有农场耕、种、插、防、收需求外，还可为其他农场和小农户提供服务。在组建服务联盟时，这类农场既是联盟内为农服务的需求方，也是提供服务的供给方。二是吸纳合作组织专业服务。农机、植保专业合作社具

有较高的服务能力和水平，作为农业社会化服务的主力军，在服务联盟内带动和联合家庭农场，为其他家庭农场与小农户等生产经营主体统筹开展专业化服务。三是吸纳市场主体综合服务。种子、农药、肥料的生产与销售企业进入联盟，可以提供便捷有效的产前服务。粮食购销、加工企业进入联盟，可以提供直接供销的产后服务。更重要的是，市场需求直接传导给生产主体，助推了农业供给侧结构性改革。四是吸纳科研院所指导服务。区、镇两级农技推广部门为联盟提供技术支撑，负责技术培训和指导服务。联盟与科研院所合作开展研究，可以更加方便快捷地示范应用先进技术，将科技成果转化为经济效益。

3. 规范运营管理，拓展服务内容 在运作过程中，家庭农场服务联盟建立健全了组织、财务、安全等各项管理制度，建立了服务台账，规范了服务内容、服务标准和服务收费，实行股份制运作，经营收益按股分红。规范化的管理调动了各方积极性，促进了联盟的健康发展。一是提升多样服务能力。每个联盟都具备为农业经营主体提供农机具存放、机械化耕作、秸秆还田、水稻集中育秧和机插秧、统防统治、粮食烘干等全程服务能力，还积极拓展农资配供、订单种植、粮食统销、农技培训以及金融、保险、电商、劳务、品牌创建等服务内容。二是集中开展农资配供。借助供销系统力量，服务联盟每年集中与药肥销售商议价谈判，确定来年农资配供品种和数量，节省了成员购买费用。同时，家庭农场主、小农户和植保合作社、镇级服务联盟、区级回收站组织形成了包装废弃物回收利用网络体系，提升了农业废弃物利用率。三是着力带动订单种植。根据区粮食购销总公司订单需求，服务联盟与家庭农场等签订种植订单，由姜丰种业公司提供优质良种，粮食购销总公司以高于市场价收购后进行专仓收储、适时销售，销售获益再进行二次分红。2019 年，仅优质专用麦订单就达 3 万多亩，亩均增收 70 元。四是积极举办“三新”培训。每个联盟建立了一个高质创建和绿色防控示范方，不定期组织现场观摩，全区形成了多点开放的田间大课堂，开展新品种、新技术和新模式的培训。服务联盟根据病虫害情况，集中力量在最佳时间统一使用低毒、高效、无公害、无残留的生物农药进行及时有效防治，2018 年药肥同比减施 8.8%、5.2%。

4. 发挥联盟优势，取得良好成效 组建服务联盟，弥补了区域内的家庭农场和种植小农户普遍缺乏全程社会化服务的短板，促进了生产主体和服务主体抱团发展，实现了农业生产提质增效。

（1）降低了农业生产成本。服务联盟通过统一购买农资，统一提供植保、农机服务，不仅提高了农产品质量，而且降低了生产成本，有效规避了自然、市场各类风险。2018 年秋收期间，联盟牵头实施的服务，机收费每亩 60 元、烘干费每吨 140 元，均比市场价低 20% 以上。

（2）加速了先进技术应用。仅用 3 年时间，全区“南粳 9108”优质水稻的种植比例提升到了 86%，粮食烘干问题得到了全面解决，精确定量栽培、测土配方施肥、病虫害生物防治、稻田综合种养等技术得到快速应用，科技贡献率达到 68%。

（3）提升了农业综合效益。通过服务联盟辐射带动，全区稻田养鱼（虾）、养鸭面积达到 8600 多亩，“规模养殖 + 家庭农场”“有机肥 + 生物农药”等生态循环模式加速发展，“姜堰大米”通过国家地理保护产品认证，成为远近闻名的抢手货，提升了农业综合效益。

（4）助力了脱贫攻坚工作。服务联盟利用土地流转溢出的土地面积，可以增加村集体收入；通过提供机具存放、烘干代储、集中采购、订单销售等多种服务，增加了经营性收入，再反哺建档立卡低收入农户，在发展新型农业经营主体的同时，不忘扶持小农户成长，成为全区脱贫攻坚的一项有效措施。（资料来源：2019 年农业农村部农村合作经济指导司全国农业社会化服务典型案例）

第七章 家庭农场发展现状及未来发展趋势

2013年中央一号文件出台后，家庭农场被赋予了更为丰富的新内涵，众多专家学者对家庭农场展开了深入的研究，取得了大量具有较强理论和实践价值的研究成果。

第一节　家庭农场发展现状

2019年，农业农村部政策与改革司司长赵阳表示，家庭农场的发展取得了初步成效，发展形势比较好。具体来看，主要表现在五个方面：一是家庭农场发展的数量已经达到一定规模。截至2018年年底，进入农业农村部家庭农场名录的家庭农场有60万家，与2013年相比，数量增长了4倍多。二是家庭农场的劳动力结构比较合理。据监测，每个家庭农场的劳动力平均是6.6人，其中雇工平均1.9人。三是经营耕地以租赁为主，通过土地流转实现规模经营。家庭农场经营土地的总面积达1.6亿亩，其中71.7%的耕地来自租赁。四是产业类型多元。家庭农场有种植型、畜牧养殖型、水产养殖型，以及种养结合型的家庭农场。其中，种植型家庭农场占比为62.7%，畜牧养殖型占比为17.8%，水产养殖型占比为15.9%，种养结合型占比为3.6%。值得一提的是，在种植型家庭农场中，63.4%的家庭农场从事粮食生产，因此产业发展比较良性。五是经营状况总体较好。截至2018年年底，全国家庭农场年销售农产品的总值达1946亿元，平均每个家庭农场30多万元。

2019年8月，中央农办等11部委联合印发《关于实施家庭农场培育计划的指导意见》(以下简称《指导意见》)提出，实施家庭农场培育计划过程中应坚持规模适度，要引导家庭农场根据产业特点和自身经营管理能力，包括当地的资源情况，来实现最佳的规模效益，特别是要防止片面地追求土地等生产资料过度集中，要防止“垒大户”。《指导意见》对于家庭农场的内涵和外延都进行了基本界定，指出家庭农场是以家庭成员为主要劳动力，以家庭为基本经营单元，从事规模化、标准化、集约化生产经营。目前全国已经有 30 个省(区、市)下发了家庭农场相关的政策文件，除了各地方财政给予支持，2017 年中央财政也首次安排专项资金给予支持。同时，农业农村部还开发了家庭农场名录系统，建立了家庭农场全面的统计和典型监测制度，每年发布一个年度发展报告，指导各省开展省、市、县三级示范家庭农场的创建。

一、家庭农场具有广泛适用性和强大生命力

目前，我国农业农村发展已进入新阶段，亟须加快培育新型农业经营主体、构建新型农业经营体系。而以承包农户为基础发展家庭农场，一方面可以培育专心务农的商品化新型农业经营主体，加快建设现代农业；另一方面，能够保留农户家庭经营的内核，坚持家庭经营的基础性地位。

近年来，全国各地大规模集约化畜牧业、工厂化渔业的发展已经突破了传统意义上家庭经营和农民合作社经营的比较优势，社会资本逐渐进入农业领域，这些势必会推动农业经营体系的进一步变革。城镇化和生态环境问题等将进一步限制家庭农场和农民合作社的发展，农业生产的功能被要求更加紧密地与保护自然、提供生态服务、提升城镇居民生活质量相结合。

对符合家庭农场条件的，地方政府应当帮助其直接变更为家庭农场，将培育家庭农场与发展农民专业合作社有机统一，享受国家规定的减免税政策和相同的用地、金融、保险等优惠政策。

家庭农场需要具有家庭经营、适度规模、市场化经营、企业化管理等四个显著特征。他表示:“家庭农场区别于自给自足的小农经济的根本特征，就是以市场交换为目的，进行专业化的商品生产，而非满足自身需求。注册家庭农场后，家庭农场主是所有者、劳动者和经营者的统一体。”

家庭农场是在土地流转、农业经营体制机制创新基础上发展起来的新型农业经营主体，家庭农场在农业生产领域具有广泛适用性和强大的生命力。未来的中国农业经营主体，可能主要由家庭农场、专业农户（规模较小，尚未达到家庭农场要求）和兼业农户组成，以前两者为主。可以肯定的是，在未来一段时间内，以小规模经营农户为主，但以家庭农场为主要形式的新型农业经营主体将是我国商品农产品生产的主体，是我国农业现代化的主体、食品安全监管的主体，因此也是未来我国农业社会化服务体系服务的对象。

二、家庭农场的发展要因地制宜，走绿色农业之路

目前，家庭农场与合作社的区别在于家庭农场可以成为合作社的成员，合作社是农业家庭经营者（可以是家庭农场主、专业大户，也可以是兼业农户）的联合。

在发展家庭农场时，不能简单照搬发达国家的模式，比如，不能单纯追求扩大规模，尤其是土地规模，关键是要追求比较效益和家庭农场的综合效益。相对而言，大宗农产品家庭农场，如粮食类家庭农场，土地经营规模相对重要，而对于劳动密集型的农业，如蔬菜、水果种植类，畜禽养殖类的家庭农场，土地规模并非决定因素，如何通过专业化分工和服务体系的建构，形成规模化服务体系，支撑家庭农场的发展更为重要。现阶段政府推广家庭农场不宜操之过急，不能追求形式和数量，应主要在家庭农场产生与发展的环境上下功夫。比如在产业组织化、服务体系完善、土地产权制度改革、农业经营者进入退出机制、农业职业技能培训等方面下功夫，出台相关政策和措施。

著名学者黄宗智指出，中国家庭农场的发展切莫完全照搬美国家庭农场模式。中国过去 30 年来走出来的“小而精”的农业模式，是能够维护适度规模小的家庭农场的，同时提供更多的农业就业机会，并且可能逐步稳定与重建农村社区。未来，绿色有机农业将可能成为有高收益的农业并为人民提供健康的食物。

三、家庭农场经营效率的探讨

作为一种新型农业经营主体，家庭农场经营效率是农场主十分关注的问题。现有文献中关于家庭农场经营效率的研究，主要包括家庭农场的适度规模问题、家庭农场经营效率的影响因素分析等。

（一）家庭农场的适度规模问题

关于农业经营规模的问题，现存在两种对立的观点：一种认为农地经营规模越大，经营效益越高；另一种认为，过大的农地规模反而会带来较低的土地产出率。在我国土地资源受限的情况下，家庭农场经营规模的“度”需要结合当地的自然条件、作物生长需求以及衡量尺度等各个方面进行把控。朱启臻等提出，家庭农场在不产生雇工的前提下，最为合理的经营规模需要把握两个标准：一是能够维持家庭成员的生计，二是在现有家庭成员劳动力的生产能力和技术水平条件下，无须雇工能够经营的最大面积。倪国华等以农户收益最大化为目标，通过数据分析得出家庭农场的最佳经营面积为130~135亩。孔令成等运用DEA模型分析了上海松江地区家庭农场的经营规模与效率，研究结果表明，松江地区家庭农场的最佳土地经营规模为120~126亩。韩苏等通过实地调研，对浙江省果蔬类家庭农场的经营规模进行分析，发现大、中、小型家庭农场的最优经营规模不同，小规模果蔬类家庭农场最优经营面积为20~30亩，中等规模果蔬类家庭农场的最优经营面积为70~100亩，大规模果蔬类家庭农场最优经营面积为120~150亩。

（二）家庭农场经营效率的影响因素

影响家庭农场经营效率的因素有内部因素和外部因素。内部因素主要包括：家庭农场经营者的受教育水平、种养殖经验等人力资本；家庭固定资产存量、投入要素等经济资本；农场主的政治身份、社会关系等社会资本。外部因素主要包括：所属地方的经济发展水平、土地流转费用以及流转的规范程度、农业社会化服务的供给程度以及政府的支持力度等不受家庭农场内部控制的因素。

著名学者张朝华运用Bootstrap模型对影响家庭农场经营效率的因素进行回归分析，发现家庭人力资本、固定资产总额作为内部因素以及农业社会化服务水平这一外部因素对种植、养殖型家庭农场的经营效率均有显著的正向影响。学者高雪萍等通过建立 Tobit 回归模型分析家庭农场经营效率的影响因素，发现家庭农场的劳动力数量、对农场的投入力度、机械化程度、家庭农场获取金融信贷支持的难易程度等均对经营效率产生显著影响。陈鸣等从空间视角出发，探讨了金融支持对家庭农场经营效率的影响程度，发现金融信贷对样本地区家庭农场的经营效率具有显著的正向影响，但是对金融资源竞争导致的负面挤出效应会波及周边地区家庭农场的发展，会给周边临近区域家庭农场的经营效率带来负面影响。

四、家庭农场效益的探讨

作为从传统小农经济向现代农业过渡的一种经营主体，家庭农场既传承了小农的道义理性，又具备以追求利润为目标的经济理性。因此，家庭农场在生产经营过程中所产生的效益既是农场主创办家庭农场的初衷也是其不懈追求的目标。家庭农场在追求经济效益的同时还创造了一定的社会效益。

（一）经济效益说

经济效益作为一个较为抽象的概念，不同学者根据其自身研究内容和目的的不同进行了界定，但整体而言都是在生产经营过程中衡量投资与报酬的比例。郭云涛认为，家庭农场受市场场域的影响，供求关系、家庭劳动力边际效益等因素均对家庭农场的经济效益产生影响。张新文等认为，家庭农场由于具备市场身份和法人地位，可以更好地参与市场经济，通过“产—供—销”一体化的经营模式可以获得较为完整的供应链，同时可以有效缓解信息不对称带来的逆向选择和道德风险，有助于提高经济效益。

（二）社会效益论

与传统农民不同，家庭农场的经营者更多的是思想意识超前、具有一定知识水平和管理能力的人，且拥有相对丰富的人力资本，通常为村庄能人、村干部或者返乡创业者等。他们能够把握相关政策机遇在村庄创建、发展家庭农场，在增加其家庭经济收益、提高生活水平的同时，也可以为当地带来一定的社会效益。但是现有研究中，多数学者更加关注家庭农场作为一种经营主体的盈利状况以及适生性问题，鲜有学者对其隐含的社会效益进行分析。

有学者将家庭农场作为一种特定的组织结构，通过横向对比的方式对该组织中的各个参与主体进行单独研究，发现不同主体的行为目标，以及它们所产生的社会效益具有较大差别：家庭农场主作为村庄中的能人骨干，在一定程度上引导村民形成较为稳定的种植行为；土地流出者因为在流转过程中片面追求流转利益而与承接方产生纠纷，破坏了村庄内部的团结；村委会在家庭农场审批、经营过程中发挥了其政治效益，也得到了应有的收益，但是其寻租行为又在很大程度上破坏了村民对其的信任。在城镇化背景下，家庭农场可以为返乡创业青年提供一条致富途径，使进城务工的青年人在更加自由的劳动生产过程中，获取进一步的身份认同，同时能够保持其家庭的完整性。

五、家庭农场与乡村治理关系的探讨

当前，我国正处于经济转型升级和城镇化深入发展的关键时期，农村社会正在发生着剧烈的变化，问题也不断涌现。要走出当前我国农村发展面临的困境，不仅要从转变农业经营方式着手，还要致力于实现乡村社会有序治理。伴随着传统小农经济的成长和分化，新型农业经营主体不断涌现，家庭农场作为从小农经济向现代农业转变的新型农业经营主体之一，不仅从村庄内部影响到乡村治理的成效，其所附加的外部特征也在很大程度上影响着乡村治理秩序。对于农业而言，家庭农场的发展与农业政策以及国家粮食安全息息相关；对于农村而言，家庭农场的出现与农村的土地承包问题、基层政权问题等均存在着千丝万缕的联系；对于农民而言，家庭农场的经营好坏更是关乎农民收入的增减及其家庭的幸福指数。在现有文献中，对于家庭农场与乡村治理关系的相关研究较为单薄，但是从小农经济学派和现代农业学派的争论中可依稀看到一些探讨。

（一）负面影响说

以武汉大学社会学院贺雪峰等人为代表的“小农优越论”研究者认为，在我国现阶段的城乡二元结构下，农民家庭呈现“以代际分工为基础的半工半耕”模式。在农户家庭再生产的过程中，传统小农经济一方面可以保障家庭成员的基本粮食需求，另一方面又可以通过家庭成员农闲时节外出务工进一步提高家庭整体收入，同时也为家中弃农务工或经商者保留了返乡退路，在城乡的双向流通之间保证了农村社会的有序分化和稳定。传统小农经济在历史的淬炼中形成并延续至今，是最适合我国国情的农业生产经营方式，在新的历史时期依然与乡村治理有着深刻的契合性。然而，作为盈利性的经营主体，家庭农场需要家庭成员投入大量的资本和精力，并且因建设家庭农场进行的大规模的农地流转在一定程度上剥夺了部分进城务工人员的返乡退路，造成"城市贫民窟"出现的同时也破坏了村庄的内部团结，这无疑加大了对乡村的治理难度。与学者贺雪峰等人持相同观点，学者黄宗智从农村社区重建的角度，认为家庭农场的逐利性质使得农场主作为村中骨干力量在参与农村社区治理的过程中，更多的会从为自身牟利的角度出发，为了获取政府的扶持和补贴不惜丢弃内心的公益价值观，这将威胁到建立在传统亲缘、地缘、业缘基础上的乡村秩序和格局。学者朱占辉结合我国国情对农业转型的路径进行了思考，他在调研中发现，政府和学界所倡导的规模农业在经营过程中并没有带来想象中的现代化图景，在不断上涨的成本投入、市场需求以及农业供给侧结构性改革的背景下，反而出现一定程度的"规模不经济"现象。

由此可见，持负面影响说的学者大多反对农业的规模经营，他们更认可传统小农生产方式为乡村治理带来的优越性。他们认为，以土地流转为前提的规模化经营将部分农业生产者驱离土地，加大了农民家庭劳动力再生产的风险，也是迫使农民"离土"造成"村庄空心化"的元凶之一。而小农经济则发挥着维护社会稳定，促进村庄团结，为农业农村的可持续发展提供"稳定器"和"蓄水池"的重要作用。此外，他们认为，精耕细作下的小农经济，其农业生产效率并未明显低于规模化的家庭农场，就投资—收益比而言，传统小农经济更占优势。

（二）积极推动论

与上述观点相反的支持农业现代化的学者认为，适度转变农业生产方式和组织形式，有利于实现乡村治理机制的创新。在乡村振兴的大背景下，产业兴旺、治理有效是重中之重，家庭农场作为焕活农村产业的一个载体，相较于其他外来力量的刺激，村庄内生的动力主体更有助于实现乡村社会的有效治理。此外，通过挖掘家庭农场相较于其他农业经营主体的比较优势，可以为农业农村的治理提供差异化、创新性的发展思路。

我国农业经营向现代化的转型，经历了从资本下乡的大规模务农到新型主体适度规模经营转变的过程。外生型公司下乡到内生型家庭农场的转变，正是基于公司下乡给乡村治理带来的诸如“企业‘吞噬’村庄、村委沦为资本的附庸、村民自治弱化”等困境以及家庭农场与乡村建设的多种契合关系。刘镭认为，作为一种内生力量，家庭农场与农村社会紧密联系，不但可以避免下乡资本对国家粮食安全的影响，而且使得国家政策在农村更易推行，有助于农村社会的稳定。程学建认为，家庭农场的高度稳定性正好迎合了传统农民的保守性和乡村社会的乡土性，家庭农场在保护农村村落、培育新型农民、传承乡村文化、落实国家政策、规范土地流转等方面具有不可小觑的作用。魏淑娟认为，家庭农场经营模式的相对优势不仅可以提升经济效益，为乡村治理提供一定的物质基础，而且其因地制宜的在地化发展有利于组织村民，形成地方社会的凝聚力。徐晓鹏认为，家庭农场的创建可以为在村的小农户起到一定的示范作用，通过对农村留守人员的“二次开发”有助于培育和发展新型职业农民，与小农户建立信任合作关系以及促进村庄内部的良性互动。杨华提出，在新时期，以家庭农场主为代表的中农阶层正在崛起，他们以其特有的社会资源禀赋及优势条件参与到乡村治理中，并形成了乡村治理的“中农现象”，在担任村组公职人员、连接基层组织与普通农户、参与民主政治以及村庄建设等各个方面都发挥着重要作用。

与小农经济学派观点相反的学者，大多立足于家庭农场这一主体，在对该主体经营实践分析的基础上，论述了家庭农场的优势以及在解构乡村治理困境和再造乡村秩序中发挥的效用。除此之外，还有部分学者从农业农村发展的角度出发，通过对不同农业经营方式的横纵向对比分析，挖掘出家庭农场的比较优势。肖望喜等在农业供给侧结构性改革背景下探讨并思考了家庭农场的优越性，认为以市场为导向的家庭农场不但有助于优化农业产业结构、提升农产品标准化程度，而且作为村庄中的能人骨干，家庭农场主在改进农业生产设施的同时也会帮助完善村庄生产生活等各个方面的基础设施，其自身参与村庄政治的热情无疑会带动乡村治理的进步。学者孙华平等基于场所依赖的 R-I-C 框架，创新性地提出了以家庭农场为依托的乡村“订单”旅游模式，即发挥不同地区家庭农场的独特优势促进乡村旅游与现代农业、休闲农业的结合，这种新型的“农旅融合”克服了传统乡村旅游的弊端，实现了农业资源的优化配置，对于发展差异化的农村经济有着积极的促进作用。

可见，小农经济派和现代农业派之间的争论依旧存在于家庭农场与乡村治理的探讨之中。认为家庭农场对乡村治理有着负面影响的亲小农经济派学者大多延续其原本的观点，从农业生产效率、农村社会稳定、农民向心力及村庄凝聚力等角度力挺小农经济；而认为家庭农场的出现有助于乡村治理的学者，则大多立足于家庭农场这一农业经营主体，从不同角度论述了家庭农场在乡村社会发展中的作用。

第二节　家庭农场发展中遇到的问题和对策

家庭农场是农业规模化经营过程中出现的一类新型农业经营主体，也是各级政府大力扶持发展的重点对象。但是，农户在从传统的一家一户分散经营过渡到规模化、集约化的生产过程中，难免会出现一些问题。目前，各地的家庭农场普遍存在适度规模经营上认识不足、农产品品质不佳、产品缺乏品牌效应、精细化管理水平不足等问题。

一、家庭农场发展中遇到的问题

从世界范围看，美国、日本、德国的家庭农场有着百余年历史，是非常有生命力的经营主体。但在中国，家庭农场还属新鲜事物。我国人均耕地 1.54 亩，户均耕地规模仅相当于欧盟的四十分之一、美国的四百分之一。人多地少矛盾突出，这样的资源禀赋决定了中国不可能像欧美等发达国家那样发展大规模农业、大机械作业。随着社会经济的发展和人民生活水平的提高，我国农村土地流转价格也呈现逐年上升的趋势。2019 年调查，流转每亩土地的平均价格已由 5 年前的 500~600 元提高到千元左右，并存在一定的上涨空间，致使部分农民不愿意将自己承包的土地流转出去。加之部分农场主由于自身资金积累不足，难以获得规模土地的长期稳定的经营权。

（一）家庭农场经营规模问题

家庭农场必须要有一定的规模，但这个规模必须是适度规模。如果规模过小，就依然属于传统的小农户经营。适度规模应该具备两个条件：一是家庭农场的年纯收入等于或大于城镇职工的年平均收入；二是依靠家庭主要劳动力能够让家庭农场正常运行。这两个条件是确定家庭农场规模是否适度的依据。如果不能同时满足以上两个条件，应该优先满足第一个条件。因为只有这样，经营者才愿意留在农村长期从事农业生产，家庭农场经营者才可能成为一份体面的职业。

在家庭农场经营与发展中，经营规模与经营风险一般呈正相关，家庭农场经营者要想在防控风险的同时促进家庭农场的发展，适度规模经营不失为一个好的选择。纵观家庭农场的经营成功案例，规模化经营是该类家庭农场的基本特点。适度扩大农场规模，实现规模化经营，能在降低农场生产成本的同时大幅提高农场的生产管理效率，进而提高农场收益。在农业生产收益得到切实提高以后，就会吸引更多年轻人参与农业生产，这样就解决了农场经营者老龄化、农场经营无接续者的问题。除此之外，通过适度扩大农场规模，还能促进土地流转，使更多的土地从转出方有序地并入家庭农场，为家庭农场的规模化经营与发展提供土地资源基础。

（二）家庭农场特色化和品质化问题

长期以来，我国家庭农场普遍存在“重种植，轻市场”的问题，农产品品质意识不强、特色不鲜明，导致增产不增收，经济效益不佳，挫伤了家庭农场主的积极性。

现在很多农产品生产者根本没有质量意识和技术要求，只注重蔬菜、水果等产品的新鲜度，很少对品牌有特殊的关注。还有很多生产者对于如何提高产品品质无实质性举措，生产方式仍然沿袭以往的散户经营，化肥、农药的使用仍无标准可言，上市产品也没有包装。这类农产品且不说是否符合健康标准，单从外观就让人无法识别，这类农产品的市场前景也让人担忧。打造高品质有特色的农产品，提高产品知名度和竞争力，实现家庭农场高质量发展，要走特色产品，特色经营道路，符合规模适度、生产集约、管理先进、效益明显的要求。坚持以市场需求为导向，要根据本地资源与特色，不断优化种养结构，采用现代科技，坚持绿色生产，拓宽产品销售渠道，推动一二三产业融合发展。要健全生产管理制度，注重与其他新型农业经营主体融合发展，发挥对普通农户的服务带动作用，逐步实现农场经营规模适度化、管理规范化、生产标准化、经营市场化，最终实现利润最大化。

（三）家庭农场因地制宜问题

当前家庭农场仍处于起步发展阶段，区域发展还很不均衡。要加快推动家庭农场数量与质量双提升，除了要建立产品的品牌，创建特色，还应该因地制宜，立足自身资源禀赋，以市场为导向、农旅结合，精准把脉、按需生产，宜农则农、宜牧则牧，这样才能呈现出各具特色的家庭农场，引导家庭农场形成合理经营规模，取得最佳规模效益。

（1）家庭农场的经营规模应与当地的资源条件、农业行业特征和农产品品种特点相适应，与经营者的能力水平相适应，经营规模也不能一成不变，要随市场条件以及经营管理水平等因素的变化而变化。

（2）种植种类多元化。要充分考虑当地的气候条件、土壤类型、光热资源和交通条件等因素。肥水条件好、交通便捷的地块，适宜发展优质冬小麦、鲜食玉米、高效设施蔬菜、中药材等特色产业；瘠薄的沙土地可种植耐干旱的花生、芝麻、红薯、马铃薯、杂豆等经济作物。适度发展葡萄、杏、桃、梨、苹果以及特色果品种植，按照休闲采摘农业的思路，建设小规模果园，引导游客春赏花、秋采果，延伸农业的功能，提高农产品附加值。

（3）种养结合效益高。从事粮油菜等农作物生产，会产出一定数量的农业废弃物，比如花生秸秆、红薯秧、蔬菜菜叶等，可以适度发展肉羊、鹅、柴鸡等畜禽养殖，充分利用农作物生产辅料进行小规模的养殖，可以提高农作物废弃物的利用率；畜禽粪便经过发酵处理后，可作为优质有机肥还田，生产出高品质的农产品，实现生态农业循环发展。

（4）合理安排种植茬口。避免出现一种作物成熟收获后土地闲置的情况。总的来说，要在田园景观基质上，进行园林植物景观建设以丰富景观层次，力求终年常绿、季相变化，争取达到“四时有不谢之花，八节有长春之景”的效果。

（5）立足区域，以市场为导向，发展农旅结合经营。在地理位置优越、交通便利的区域，可根据本区域城镇消费习惯，发展绿色瓜菜生产、休闲采摘农业、市民菜园等。菜园采取土地租赁、托管和半托管的方式进行经营管理。农场每年还可定期举办吃瓜大赛、挖土豆、收花生等体验活动。受人多地少、山高坡陡等自然条件限制的区域，发展农业规模经营相对较困难。根据当地气候特点，农场可因地制宜种植各类水果，如种植夏黑、醉金香、阳光玫瑰等葡萄品种，桃、草莓、樱桃等高效水果，打造“四季果园”，保证四季有果摘。

（四）家庭农场精细化管理问题

精细化管理是一种以最大限度地减少管理所占用的资源和降低管理成本为主要目标的管理方式。精细化管理的概念，最早是由日本丰田汽车公司在 20 世纪 50 年代提出的，当时日本企业以其精细化的管理极大地推动了日本经济增长。

家庭农场精细化管理具体包括以下五个方面：

1. 精细化的操作 这是指家庭农场经营活动中的每一项操作都应有一定的规范和要求。每个员工都应遵守规范，从而促使家庭农场管理正规化和标准化。

2. 精细化的控制 这是指家庭农场每一项业务都应有明确的操作流程，整个流程应包括计划、审核、执行和回顾等环节。应控制好流程，尽可能减少家庭农场管理失误，杜绝管理漏洞。

3. 精细化的核算 这是家庭农场主清楚认识家庭农场经营状况的必要条件和主要手段。这就要求家庭农场经营活动中涉及资金流动的行为都应进行财务核算，并要通过财务核算去发现管理中的盲点和误区，减少利润流失。

4. 精细化的分析 这是家庭农场取得核心竞争力的有力手段。家庭农场应从多个角度和多个层次对经营中出现的问题进行跟踪和思考，进一步研究提高农场持续经营能力和利润的方法。

5. 精细化的规划 凡事预则立不预则废，科学做好经营规划是推动家庭农场发展的一个重要手段。所谓精细化的规划，是指家庭农场所制订的目标和计划都是有依据的、可操作的、合理的。这就要求家庭农场主应根据市场预测和经营实际来制订家庭农场发展中远期目标，并且根据中远期目标再制订具体的实施计划。

虽然影响家庭农场生存和发展的因素很多，但内部管理依然是最重要的因素。如何洞察市场的变化，如何寻找稳定的利润来源，如何降低经营成本，如何高效运转，都是可以通过精细化的管理来实现的。家庭农场只有不断深化精细化管理，在生产上精耕细作、经营上精打细算、管理上精雕细刻、服务上精益求精，才能健康持续发展，才能在激烈的市场竞争中立于不败之地。

（五）家庭农场品牌化创建问题

一些家庭农场没有充分认识到品牌在市场竞争中的重要作用，不愿意在品牌塑造和品牌推广上下功夫，依旧存在“酒香不怕巷子深”的观念，营销观念落后，认为只要农产品品质好价优就能吸引消费者购买，品牌化经营意识薄弱。

不仅如此，家庭农场品牌化经营还需要专业和系统的品牌战略规划知识。例如品牌命名要易于发音、拼读和记忆，要能提示产品特色，如产地、成分、功效、特色等，要能突出产品特性，增加联想功能。此外，较多的家庭农场对于品牌推广缺乏整合营销传播手段，传播方式也较单一，借助电商平台、微博、微信、抖音等新媒体开展品牌营销力度不足。

家庭农场应不断提高品牌经营意识，树立品牌经营理念。家庭农场主应积极主动申请注册商标，但商标注册并不等同于品牌创建。家庭农场的品牌创建是一项系统工程，涉及农产品质量认证、商标注册、品牌申报、品牌运作、品牌维护等。单纯依靠家庭农场自身进行品牌创建与运营困难重重，地方政府和农业农村主管部门应在驰名商标、名牌产品、绿色产品、有机产品、农产品地理标志等品牌培育方面通过政策支持和物质奖励积极引导，在区域品牌整合、宣传和保护方面担当起主导作用，进而促进区域公共品牌与个体品牌协同发展。

（六）家庭农场法律保护问题

家庭农场，特别是初创的家庭农场，经济实力不够雄厚，抗风险能力弱，这个时候就需要家庭农场主具备足够的法律意识，能够主动规避法律风险，家庭农场主尽可能地避免涉及法律风波。在家庭农场经营过程中要学会利用法律武器来保护自身的合法权益。

家庭农场在经营过程中通常会涉及农产品销售、土地流转以及其他交易行为，在发生上述行为时一定要和对方当事人签订正式合同，在合同的订立过程中要慎之又慎，不能草签合同，也不能口述合同，合同内容不能有遗漏、歧义或表述不清、不全，必要的情况下还可以对合同进行公证。家庭农场主要特别关注合同中的权利与义务条款以及争议解决条款。要用合同来约束双方当事人行为和约定双方违约成本，保证双方利益不受损。

家庭农场在经营过程中还应懂得通过法律途径来保护知识产权，保护自身苦心经营的商标和品牌不被侵权，保护自身的核心技术和创意不被抄袭。因此，家庭农场要及时注册商标、申请专利。

“居安思危，思则有备，备则无患”。经营家庭农场，风险无处不在，总是会有一些法律问题让人措手不及。因此，家庭农场主要未雨绸缪，不断提高法律风险防范意识。比起事后补救，事前预防要简单有效得多。

二、现代化家庭农场发展的对策

现以绿野家源家庭农场为例，探讨现代化家庭农场的发展对策。

绿野家源家庭农场位于长春市九台区西北部，距城区 30 公里。农场共经营耕地、鱼塘、养殖场等 1050 多亩，拥有各类农业机械 21 台套，建设机械库房、仓储库房、办公楼等 2150 平方米。2019 年，绿野家源家庭农场入选农业农村部推介的第一批全国家庭农场典型案例。

第一，多种经营，抵御风险。2015 年，九台区遭受了几十年未遇的旱灾，农场的粮食种植遭受重创，玉米减产九成，仅此一项农场就损失 18 万元。但是当年农场肉鹅销售收入达到 20 万元，有效地弥补了粮食减产造成的经济损失。这使农场主颜停站深深地认识到，农业面临着自然灾害、市场冲击双重风险，必须通过多元化经营加以防范。为此，颜停站将农场经营范围定位在以水稻、玉米种植和肉鹅养殖为主。在 2016 年，颜停站种植水稻、大豆、玉米、杂粮杂豆等 680 亩。养殖肉鹅、鸭、鸡等 20000 羽、养猪 50 头、产鱼 42000 公斤，初步构建了多元化种养格局。

第二，生态种养，循环发展。农场拥有 20 多亩的水稻育苗大棚，以往大棚育过苗后，要么拆除，要么闲置，如今每年从春季开始到秋季，大棚利用水稻育苗—饲养雏鹅—种植蔬菜等种养循环，年创经济效益 7 万元。农场饲养的鸡、鸭、鹅、猪等畜禽产生的粪便，经过处理后撒入鱼塘作饲料，既肥鱼又肥水；用鱼塘的水灌田，减少了化肥施用量，既提高了农产品品质，又降低了生产成本。

第三，适度规模，节本增效。农场不断摸索生产经营的最佳规模，耕种土地面积稳定在 860 亩左右。农场配备了高效植保喷药机、收割机、插秧机等农用机械，在完成农场作业之余，对外提供农业生产托管服务，每年提供秸秆免耕覆盖服务 2000 亩，提供植保飞防服务 1600 亩，实现了多元化经营创收。

第四，打造品牌，现代营销。2016 年，农场注册了“颜家农场”商标。几年来，农场注重品牌宣传，不断开拓市场，农场的“稻花香大米”和“超级香大米”打入全国市场，市场份额不断扩大，销售价格也稳步提升。家庭农场年销售品牌大米 10 万公斤，商品大米由原来的每公斤 6 元左右提高到了每公斤 20 多元。2017 年，农场在长春市开设颜家农场直营店，出售农场生产的大米、豆油、鹅、鸡、蛋以及时令蔬菜等 60 余种农副产品。通过各网络直播平台推介农产品，年销售收入 95 万元。

第五，科技服务，助农增收。绿野家源家庭农场年种植水稻 28 公顷，年产稻草 25 万公斤。为了将稻草变废为宝，农场与长春市几家蔬菜基地、花卉基地签订了稻草绳、草袋子销售协议，年消耗稻草 95%，创造经济收入 10 万元以上。在科技服务方面，以家庭农场为阵地，每年为周边群众提供水稻、玉米良种 5000 公斤，指导培训 400 人次。在助农增收方面，农场长期雇工 5 人、短期雇工 100 多人，解决了贫困人口就业 9 人，带动周边贫困农户 15 户。

第三节　家庭农场的未来发展趋势

2019 年，农业农村部在全国范围内征集了 26 个家庭农场典型案例，分别来自东中西部各个省份，涵盖了种植、养殖、加工多个产业，既有个性特点，又有共性经验，符合规模适度、集约生产、管理先进、效益明显的要求，值得在实践中参考借鉴。家庭农场已经成为中国农业不可忽视的力量。另外，随着生产机械、社会化分工、互联网的发展，现代化家庭农场将会成为未来农业发展趋势。

1. 产业化发展方向 家庭农场将会从产品走向产业，从生产领域走向产业化领域，比如存储、加工、电商、物流等。

2. 专业化发展方向 根据家庭农场的地理区域特征，不同的地区生产不同的农产品，将形成农产品的专业化生产和经营。

（1）休闲型家庭农场。城市周边，离城市中心区不远，而且交通便利，可以往休闲型的家庭农场方向发展，提供观赏、采摘、运动、餐饮、住宿等服务。

（2）特色型家庭农场。如果不在大城市周边，或者交通条件不够便利，但土地资源丰富，则可以考虑特色种养的方向。例如种植精品蔬菜或水果，结合不同层次的包装，通过全方位的渠道销售，慢慢打造出自己的农产品品牌。

（3）加工型家庭农场。偏远一些的地区，有着当地有特色农产品，可通过传统手工制作，生产带有地域特色的农特产品，发展加工型家庭农场。如某些地区的菜干、梅菜、乡下腊肠等，因地制宜进行农产品的深加工，按传统的风味进行制作，形成自己的特色。

（4）产品型家庭农场。如果没有地理环境优势，又没有特色的农特产品，可以向产品型家庭农场方向发展。根据当地的气候条件特点，选择一两个农产品进行规模化种植，形成一定的种植规模与产品口碑，也是一个好的出路。

3. 适度规模化发展方向 发展家庭农场可以有效地解决生产规模过小导致效率低、生产规模大导致资源浪费的问题。农业生产的规模如果过大，会导致经营风险加剧、资源配置效率低下等问题。发展适度规模的家庭农场能实现风险控制与生产效率的平衡。一方面，家庭农场具备了小农经营不具备的商品化、科学化等现代农业特征，能够在一定程度上提高生产效率和收入。另一方面，家庭农场规模适中，以家庭劳动力所能兼顾范围为宜。规模过小，会产生剩余劳动力，造成资源无法最优配置；规模过大，需要雇工，农场边际收益必然下降，不能实现利润最大化。因此规模适度，不仅有利于增加农场的相对利润，也能有效规避规模过大带来的风险。

4. 智能化发展方向 智慧农业是农业发展的高级阶段，即集成物联网、云计算等信息技术，实现农业生产环境的智能感知、智能预警、智能分析、专家在线指导，为农业生产提供精准化种植、可视化管理、智能化决策等。依托这些现代信息技术，两个人可以种千亩田，农民坐在电脑前轻点鼠标，即可实现翻地、播种、除虫、灌溉和收获。这种在传统农业模式下不敢想象的“神话”，在智慧农业时代却将是常态，并已成为欧美等发达国家创造农业出口产值的最主要手段。利用物联网技术，打造线上平台，大大提高了客户对农场的认知和了解，有利于增强客户信任感，降低了客户和农场主的沟通成本，农场主也可以更好地管理自己的农场。与此同时，客户还可以进行线上种菜、选菜、下单，后台收到信息后，会由农场专门的工作人员进行相应的操作。

总之，家庭农场产业化、规模化、专业化、智能化是未来的发展趋势，新经济、新业态也将成为家庭农场的加速器。未来家庭农场主必须要学习和掌握商业思维，借助新思维、新工具增强家庭农场的竞争力。

第八章
家庭农场经营管理实践

在国家政策的支持下，我国的家庭农场快速发展壮大。目前，单一模式的家庭农场约占70%，有的家庭农场“种养加”结合，形成多个产业融合发展，既有个性特点，又有共性经验。本章分享了四种模式的家庭农场经营者的实践经验。

第一节　种植型家庭农场

种植型家庭农场是指以农产品的种植为核心，以出售初级农产品为主要经济来源。现通过典型种植型家庭农场模式分析，揭示单一型模式的家庭农场普遍性规律。

一、安徽天长市稼农家庭农场

稼农家庭农场位于安徽省天长市冶山镇高巷村，创办于2012年，主要从事小麦、水稻种植及稻米加工与销售，先后被评为天长市十强家庭农场、滁州市示范家庭农场、安徽省示范家庭农场。稼农家庭农场主陈宏平是种田的“老把式”。2011年春，陈宏平在高巷村流转100多亩土地种植小麦、水稻。凭着扎实的农技功底和精细化管理，当年小麦、水稻亩均单产达到1100公斤，亩均收入达到700多元。2012年，尝到规模化种植甜头的陈宏平在高巷村又流转了150多亩土地，并到工商部门登记注册了天长市稼农家庭农场。

稼农家庭农场秉承科技引领、良种引进、生态种植、规模增效的理念，大力发展订单农业，取得了显著成效。

1. 规模经营，节本增效 流转土地后，农场购置了旋耕机、开沟机、插秧机、收割机、机动喷雾器等农机具，开展规模经营。以种植水稻为例，如果租用机械耕耙、插秧、收割、烘干，一套流程下来每亩地至少要花费210元，而用自己的机械每亩所需费用还不到90元，不仅节约了成本，还能在农忙期间对外提供服务，增加农场收入。

2. 绿色种植，培养地力 农场始终秉持种地与养地相结合的绿色种植理念，从不对土地进行掠夺式种植。每年，农场都要在不同的地块取土，送市农委土肥站检测，根据土壤肥力，结合产量预期，建立配方施肥台账。同时，农场采取“秸秆还田+绿肥种植”模式对田块进行分片轮休，减少化肥使用量，有效培养地力，提高粮食品质和市场竞争力。在种植过程中，农场还推广春季小麦镇压、土壤深松、秸秆速腐还田、机插秧等农业新技术，为提高粮食产量奠定了基础。

3. 精选品种，示范推广 针对当地小麦品种抗病性差、品质不佳、产量不稳、市场销路不好的情况，农场从江苏农科院引进的优质高效品种“宁麦13”。经过两年试种，该品种表现出了优异的抗病性和稳产高产等特点，而且市场销路平稳走高。种植期间，农场多次邀请种植大户、小农户前来观摩，并按商品粮的价格出售良种。2016年，农场又引进优质香糯性粳稻“南粳9108”和香味型杂交稻“丰两优香一号”。这两个品种不仅口感好，而且全部符合国家A级绿色食品标准，当年每亩水稻净增效益200多元。

4. 巧施肥料，力促稳产 氮肥“一炮轰”是当地农户普遍的施肥方法。庄稼结实率低，直接影响产量。农场根据天长市土肥站的地力检测数据，摸索总结出麦稻均衡施肥“三法”，即长效肥与短效肥配比用、氮磷钾肥对症用、有机肥与化肥混合用。确定“四步走”施肥方案，即麦茬田旋耕前，施氮磷钾三元复合肥；水稻秧苗移栽时，施氯化氨或碳酸氢氨速效肥，做到早返青、早活棵、早分蘖；水稻秧田烤田后增施钾肥；灌浆时巧施微量元素肥，提高水稻抗倒伏能力，同时也增加千粒重。通过科学施肥，达到了稳产增效的目的。

5. 浅水活棵，盘活水源 农场地处高岗，水源缺乏，如遇干旱，插秧灌溉要经过

5级提水。从源头到田头，加上20公里沿途跑冒滴漏，真正到田的只有七分水。于是农场一改过去插秧大水漫灌的做法，采取薄水插秧，寸水活棵，干湿交替，适期烤田，后期灌“跑马水”的方式，既盘活了水资源，节省了用水成本，又缩短了秧苗返青期，增强了秧苗根系活力，对提高产量也有极大帮助。

6. 农业防治，控制用药　综合利用农业防治方法，尽量减少农药使用量，努力营造农作物抗病虫害的田间小气候。近年来，农场投资2万多元在田间设置了300多个螟蛾性诱剂捕蛾器，降低螟虫繁殖基数。同时注意保护害虫天敌，达到虫吃虫的效果。适期防治、达标防治病虫害，不盲目用药，是陈宏平多年总结出的防治经验。

7. 订单农业，解决卖难　农场从2013年开始与安徽倮倮米业公司合作，严格按照倮倮米业指定的品种种植，公司高出市场价收购。农场资金遇到困难时，合作公司及时给予支持。生产中，公司还会定期派农技员到家庭农场指导培训。农场将优质水稻加工成大米，每亩净增效益600多元。农场还引导种田大户、小农户同安徽省某集团公司签订订单合同，解决了农户卖粮难的问题，且每亩增收100多元。

8. 科学记账，查找漏洞　稼农家庭农场是天长市第一家规范建立台账和生产记录的农场。他通过定期收支比对，研究增收节支方案。2016年年底，通过收支明细表，陈宏平发现麦田除草和秧田除草成本每年每亩都呈20元左右上升趋势。于是，农场决定在小麦播种镇压和机插秧整地后进行封闭处理，通过试验筛选出了适合岗区沙土田封闭用的高效环保除草剂。从2017年开始，对小麦、水稻进行除草剂处理后，田间杂草总基数明显下降，除草成本降低，基本不用雇人工拔草，仅此一项每年节省4万多元。

9. 重视科技，创新发展　多年来，陈宏平坚持带领农场工作人员学习农业科技知识，每年订阅购买大量农技类报刊书籍。同时，他还积极参加各类农技培训，向市农业科技推广中心的专家请教，不断提高农技水平，并考取了助理农艺师专业技术职称。

稼农家庭农场通过规范化、精细化管理，走绿色农业发展模式，农场实现了产量和效益双提升，创造了丘陵高岗地区粮食创高产的奇迹，带动了天长市20多个家庭农场和周边100多个小农户增产增收。

二、江西高安市金满园家庭农场

金满园家庭农场坚持“生态立园为土壤、匠心铸园为品质、情怀守园为顾客、品牌兴园拓市场”的发展策略，为消费者提供绿色、优质的农产品。

1. 绿色生产，生态立园为土壤 金满园家庭农场主金飞云认为，只有健康的土壤，才能生产出健康的食物。金满园家庭农场对200余亩果园采取生草生态共享模式，果园禁用除草剂，对长势过旺的杂草采用机械割除。每年农场均分区块轮流播种紫云英、油菜、蚕豌豆、羽扇豆、波斯菊、大豆、花生等培肥地力的植物，确保全园绿色过冬，坚持土壤自然培育培肥。

此外，农场每年向附近村民收购农作物秸秆150余吨，用于果树树盘覆盖；每年备足鸡鸭牛羊粪280余吨，经微生物发酵两个月以上，于每年9月至10月开深沟，与生物有机肥同时施入。经过多年持续的增施有机肥，果园土壤有机质由建园初期的不足1%，增加到2%以上，土壤团粒结构明显增加，减少化肥使用量85%以上。

2. 院场联合，匠心铸园为品质 “二次返花”是南方早熟梨必须攻克的技术难题。2018年，在高安市农业农村局、国家梨产业技术体系南昌试验站的指导下，金飞云厘清了管理工作周年新概念，即当年8月到翌年7月为一个生产管理周年，确立秋季抗旱保叶控秋花是年度工作的开始，为高产稳产高效园的创建奠定了理论基础。秋季运用抗旱保叶控秋花技术，保住了优质花芽，来年果个大、品质优、产量翻一倍以上，在同行其他果园中推广应用产生了极大效益，亩产由750公斤，增加到1500公斤以上，个别果园达到2300公斤，优良的品质吸引沿海客商年年来采购。

“脆绿”梨果少、个小、低效、修剪技术难，是果园存在的突出问题。金飞云赴浙江省梨业协会拜师学技，在实践中摸索3年，终于攻克了修剪技术难题，如今“脆绿”梨果多、个大，效益与主栽品种“翠冠”相近，具备连年高产高效的潜质。

农场内的柑橘品种众多，品质良莠不齐，金飞云为找到受市场欢迎的新品种，远赴重庆市国家中柑所，聆听专家解析未来市场变化，他又考察广西、四川同行的生产基地，通过对比决定引进中柑所的新品种“金秋砂糖橘”。采用大肥大水栽培，市场前景看好。

2016年，农场开始规划棚架梨园建设，采取国家梨产业技术体系主推的高效栽培模式——“双臂顺行式”棚架。该模式虽然投资大，回报周期较长，但树龄达到丰产年后，具有丰产稳产，果品品质优、效益明显等优势。一方面，农场向市农业农村局申请“农业科技示范基地”，争取资金扶持；另一方面，农场通过“财政惠农信贷通”筹措资金，于2018年年底全面建成棚架梨园。该模式的管理技术较简单，便于机械化操作，产量高、品质优，在高品质、轻简化、省力化、标准化、机械化等方面优势明显，抗风能力强，观光采摘效果好，示范推广效应明显。

3. 互联互通，品牌兴园拓市场　为适应现代互联互通信息社会，金飞云积极与当地农业农村部门沟通，多次参加培训，学习先进管理理念、经营管理模式，并总结出生产高品质、绿色放心农产品的农场生存王道。农场确定，栽种金秋砂糖橘，建设棚架梨园，走生态种植之路，目标是提升果品品质，打造精品富硒果园，形成自主品牌，开拓中高档市场，形成终端优质客户群。同时，围绕富硒资源开发，开展其他富硒农产品生产，打造富硒系列健康功能食品生产基地，充分满足客户购买、体验、旅游、民宿等多种需求，实现农场一二三产融合发展示范基地。

第二节　养殖型家庭农场

养殖型家庭农场是指以畜禽养殖为核心，以出售初加工产品为主要经济来源的农场。现通过对典型养殖型家庭农场模式的分析，揭示养殖型家庭农场普遍性发展规律。

一、甘肃天水市麦积区辉旭养殖家庭农场

辉旭养殖家庭农场位于甘肃省天水市麦积区伯阳镇兴仁村，成立于2014年2月，主要从事蛋鸡育雏和养殖。因带动示范效应明显，辉旭养殖家庭农场先后于2014年、2015年、2017年被评为区级、市级、省级示范家庭农场。农场由农场主张旭斌及其父亲、妻子3人共同管理。截至2019年5月底，辉旭养殖家庭农场累计投资近80万元，存栏蛋鸡1.8万羽，其中普通蛋鸡1.5万羽、特色蛋鸡0.3万羽。有标准化养殖圈舍5栋1900平方米，另有育雏室两间、冷库一间、饲料加工车间一处，注册了“嘹

呱呱”富硒土鸡蛋商标，年盈利 20 多万元。

辉旭家庭农场立足当地市场，坚持适度规模，积极发展特色养殖，取得了较好的经营效益。

1. 子承父业，从事蛋鸡规模养殖 农场主张旭斌高中毕业后，曾长期在兰州做水果运输工作，但是赚钱越来越难，他父亲在家经营的小型蛋鸡养殖场却效益很好。在与妻子、父亲商量后，张旭斌放弃了水果运输工作，决定继承父业，从事肉蛋鸡养殖。张旭斌回乡以后，需要建设圈舍，扩大养殖规模，这就遇到了用地问题。因圈舍的投资较大，为了保持圈舍及养殖的稳定性，张旭斌在镇村干部的帮助下，流转了 3.5 亩土地，并投资 20 万元建设了 1900 平方米的标准化养殖圈舍。

2. 适度规模，积极化解经营风险 张旭斌和父亲商量后发现，家庭农场的养殖规模不能太大，否则管理跟不上，肯定要赔钱，因此决定把蛋鸡养殖规模控制在 2 万羽左右。2017 年当地鸡蛋价格大幅下滑至每公斤 4.2 元，并持续走低。张旭斌的父亲根据几十年的养鸡经验，预估到鸡蛋价格很快将会反弹，因此农场从北京峪口禽业公司购进了 1.5 万羽鸡苗。不出所料，鸡蛋市场价格很快大幅反弹，成为“火箭蛋”，价格最高时接近每公斤 12 元。此时辉旭养殖家庭农场产出的鸡蛋，刚好赶上了这一波价格反弹。至 2018 年年底，辉旭养殖家庭农场赚了 20 多万元。

3. 服务当地，坚持特色化品牌化 张旭斌认为，较小规模的养殖农场应当主要服务于当地市场。2017 年，为了提升品牌知名度、满足市场对优质鸡蛋的消费需求，辉旭养殖家庭农场积极将养殖品种从普通蛋鸡向特色蛋鸡调整，并成功注册“嘹呱呱”富硒土鸡蛋商标。品牌鸡蛋进入市区的生鲜超市后，很受消费者欢迎，实现了优质产品高价销售。2019 年，辉旭养殖家庭农场又引进优质蛋鸡鸡苗 2000 羽，形成了“特色蛋 + 普通蛋”高低搭配的经营布局。

4. 积极学习，提高经营管理水平 与普通小农户种植、养殖主要靠经验不同，家庭农场的经营规模更大、风险更高，因此更需要农场主“懂技术、善经营、会管理”。张旭斌与妻子不仅积极参加政府部门组织的养殖技术培训班，还主动利用互联网学习专业养殖技术、网络营销技术，并向专家咨询育雏和蛋鸡养殖过程中遇到的技术难题。近年来，辉旭农场的蛋鸡养殖技术越来越好，育雏成活率达到 95% 以上，而当地其他农户育雏的成活率一般不到 90%。张旭斌还借助互联网为城区消费者进行订单配送。

二、江西贵溪志光金慧家庭农场

志光金慧家庭农场秉承生态环保、良种推进、科技创新、科普带动的发展理念，积极优化养殖模式，引进优良养殖品种，推广先进的养殖技术，创新环保高效的管理方式，并通过科普服务平台带动了周边水产养殖业的健康发展。

1. 适应形势，优化模式，创建健康养殖示范农场 金慧家庭农场的养殖基地包括两部分。一部分是占地 260 亩的精养鱼塘，主要以水产苗种培育为主。近几年来，农场进行了鱼塘的基础设施改造，避开了外源污染，实现了“独进独出”，并在农场周边选择性地种植了水果、油茶和绿化树木，大大改善了农场的生态环境，为开展渔业休闲游奠定了良好的基础。

另一部分是农场上游的五四水库，以成鱼养殖为主。以往农场主要采用施肥养鱼和精养投喂相结合的方式实行水库精养，养殖产量较高，年产量达到 15 万 ~25 万公斤，纯利 40 万 ~ 50 万元，但该模式易造成尾水污染，并严重影响农场精养鱼塘的苗种培育。为了提高水体质量，改善生态环境，从 2016 年开始，农场重新调整了水库的养殖经营方式，停止使用任何肥料和颗粒饲料，改用适当投喂全价膨化饲料的办法合理减少水体投入，同时大幅度减少水库的投放量，每年的鱼种放养量从以往的 30 万 ~ 40 万尾缩减为 3 万 ~ 5 万尾，有效地保证了水体环境，大大提高了基地的水产品质量，通过无公害基地和无公害农产品认证，养殖场被农业农村部授予“健康养殖示范场”。

2. 引进新品种，推广良种，发展名优水产养殖 多年来，志光金慧家庭农场积极引进优良水产养殖品种，不断优化养殖品种结构，引领和带动了周边渔业的健康发展。农场引进并推广了鳜鱼养殖，年产鳜鱼 1500~2500 公斤；开展了鳜鱼主养试验和以鲮鱼为主的饵料鱼养殖试验；引进了抗病草鱼、刺鲃、先科鲫鱼、大口鲶、鲈鱼等水产养殖品种，为发展名特水产养殖发挥了较好的示范带动效果。

为了改善四大家鱼的质量，农场加大了亲本的改良，在江西省渔业局的支持下，从瑞昌国家级四大家鱼原种场引进亲本和后备亲本，全面淘汰了原有的亲本，实现原种率达到 100%，保障了所繁育鱼苗的数量和质量的全面提高，并被授予江西省省级水产原（良）种场。

3. 改进设备，创新技术，推进发展现代渔业 为了打造现代渔业，提高生产效率，志光金慧家庭农场全面完成了精养鱼塘和良繁设施的标准化改造，完善了渔场的进排水设施，做到了“独进独出”，保证了病害防疫和尾水收集净化。在全面配置增氧设备的基础上全面推行管道微孔增氧，有效减少了电力消耗和设备损耗，进一步保障了设备使用安全。

为了加强信息智慧化建设，农场新建了50平方米的渔场信息指挥中心，安装了11个监控摄像头，完善了环境监控，实现了全范围的远程监管；设置了3个水质智能检测点，对重点水体水质远程监测；同时完善了病害的远程诊断、部分设备的自动控制和水产品的在线追溯系统，大大提高了生产效率。

4. 试验示范，科普服务，带动一方渔业发展 志光金慧家庭农场坚持将科学技术作为立场之本，积极推广应用先进的科学技术，开展新技术、新品种的试验示范，并充分利用科普平台推广服务。农场先后示范养殖了鳜鱼、刺鲃等10多个水产新品种。

坚持开展草鱼免疫示范服务，农场出售的草鱼苗种免疫注射率达到100%，促使周边地区规模化的草鱼养殖成活率由23%~37%提高到67%~85%。大幅减少了鱼药的使用量，提高了水产品的品质，保护了养殖环境。

第三节 种养结合型家庭农场

种养结合型家庭农场是指将种植业和养殖业相结合的一种生态农业模式，能够充分将物质和能量在动植物之间进行转换及良好的循环。种养结合型家庭农场是现代农业的典范，现通过分析种养结合型家庭农场典型案例挖掘其壮大及发展的重要意义。

一、湖南浏阳市孔蒲中家庭农场

孔蒲中家庭农场位于湖南省浏阳市达浒镇金石村，成立于2014年，注册资金

60万元，主要从事“稻田＋鳖”的综合种养，兼营鱼、螺、蛙、鸡、蘑菇、水果等。该农场是省级示范性家庭农场、湖南农业大学和湖南生物机电职业技术学院的产学研基地、省级农业科技示范户和省级养殖业科技示范户。农场主孔蒲中通过20多年的摸索和学习，总结出了一套“稻田＋鳖”综合种养的生态循环模式，取得了良好的经济效益。

1. 流转土地，适度规模　孔蒲中家庭农场经营土地268亩，除去自家5亩承包地以外，其他全部通过流转而来，共涉及3个村民小组。孔蒲中通过耐心细致的工作，实现了流转土地连片经营，中间没有出现“插花地”。孔蒲中与每位土地流转农户都签订了正式流转合同，合同期限为10年，租金每年500元，一年一付。孔蒲中认为，由于资金的约束和经营能力的限制，家庭农场不能盲目扩大规模，否则经营风险会急剧增加。在未来一段时间内，农场将维持这一适度规模。现在农场已滚动投入180多万元，主要依靠自有资金和每年的利润留存，购买了旋耕机、插秧机、收割机、烘干机、割草机、打土机等各类农机设备，不但为自己服务，也为他人提供农机服务。

2. 合理分工，有效合作　家庭农场“麻雀虽小，五脏俱全”，既要从事农业生产，又要做好内部管理，还要发展外部经营，这时家庭成员必须要有分工。只有合理分工，有效合作，才能实现农场兴旺。孔蒲中家庭农场有较为明确的分工：孔蒲中全面负责，妻子负责出纳兼内务，儿子负责农机管理，儿媳记账兼会计，女儿负责销售。成员之间既明确分工又充分合作。

3. 生态种养，循环共生　农场以“稻田＋鳖”为基础，再逐步兼营鱼、泥鳅、黄鳝、青蛙、螺、鸡、蔬菜、果树等。稻田底栖动物、陆栖动物、水生昆虫和植物等组成了一个循环生态系统。水稻将鳖和混养水生动物排泄的粪便作为生长发育的有机肥料，鳖吃“水稻害虫”福寿螺，淡水鱼吃稻花、枯叶、田间杂草，青蛙和鸡吃害虫，这种循环共生的生态系统还可以延伸和扩展。2018年下半年，农场利用稻田秸秆发酵作为制作蘑菇的培养料。2019年，占地3亩的蘑菇大棚销售收入达到10万元。

4. 精选稻种，适宜养殖　水稻品种要能适应混养稻田的特殊结构和水体环境。农场选用的“农香32”和“玉针香”不但抗倒性和抗病性强，而且丰产性好、米质优、口感佳，深受消费者喜爱，具有广泛的市场前景。这两个品种的稻谷市场价格比一般稻谷品种价格高，增收效益较为明显。

5. 精细管理，保证质量 农场在水稻生产和鳖的饲养过程中，实施精细化管理，保证了稻米和水产品的质量。水稻生产按照绿色食品生产标准，用农家肥及生物肥料代替化学肥料。通过物理和生物的方法防治病虫害，最大限度地降低了稻米的农药残留量。鳖的饲料投放遵循定时、定位、定质、定量“四定”原则，特别是在不同季节，利用不同配方喂养，使鳖能够长得快、长得好。

6. 病虫草害，科学防治 对于病虫草害，农场坚持“预防为主、综合防治”的原则。推广绿色防控技术，优先采用农业防控、理化诱控、生态调控、生物防控等措施。农场每 15 亩安装 1 盏黑光灯或频震式杀虫灯，诱杀螟虫和稻纵卷叶螟成虫。农场采用“三军列阵”的绿色生态生物防护系统，水稻上的蜘蛛作为“空军”，水中的鱼类作为“海军”，陆地上的青蛙为“陆军”，有效消灭田间虫害。冬春两季农场变田为“湖”抑制杂草生长，水稻收割后稻田养鸡，再利用割草机清除田埂上的杂草。

7. 稻米加工，收益增值 农场将稻谷加工成大米，并注册了“孔贤米”的商标，真空包装后市场价格达到每公斤 20 元，增值收益非常明显。

8. 开拓市场，扩大销售 积极开拓市场、扩大产品销售，是家庭农场实现可持续发展的关键因素。孔蒲中家庭农场与一些高端餐饮企业建立了稳定的供销关系，农场每年 60% 的销售额来源于长沙市场。由于产品质量好、口碑佳，上门购买的客户不断增加。

二、江西庐山市必玉家庭农场

必玉家庭农场立足自身条件，采用复合种养、生态种植的模式，发展适度规模经营，取得了一定的成效。

1. 立足实际，总结合理发展模式 庐山市必玉家庭农场主要劳动力仅有胡必玉一人，经过多年的种养实践，他总结出了一套适合自身的发展模式。胡必玉通过新型农业社会化服务组织，除自己机耕外，其他插秧、机防、收割等一系列服务外包。虽然水稻种植成本有所上升，但是能省下精力养殖蛋鸭、小龙虾等副产品，一年下来，反而增收不少。

2. 重视技术，发展适度规模经营 在农业生产方面，必玉家庭农场没有盲目地求大求全，而是根据自身情况，慢慢学习积累，随着生产技术的不断进步，逐步扩大生产规模。农场成立之初，当地开展农业社会化服务的不多，胡必玉一边种植水稻一边饲养鸭子，只能管理60亩田。随着农业机械化的普及，胡必玉专门购置了旋耕机，学习驾驶。通过不断学习，迅速接受了农业生产服务外包的模式，果断将其他生产性服务进行外包，并开始逐步流转更多的土地，慢慢扩大种养规模。2015年，胡必玉将目光投向当时最新的稻虾种养技术上，多次前往湖北省潜江市参观学习，通过3年多的不断实验摸索，2017年，在农场全面开展稻—鸭—虾复合种养。

3. 注重质量，树立口碑打开销路 经过多年来的稻鸭共作，胡必玉在当地非常有名气，是稻田生态种养的示范大户。附近的经销商、村民都知道他的水稻种得好，鸭子养得好，每年生产的粮食、鸭子、鸭蛋等产品供不应求。

4. 示范推广，逐步提升社会效益 必玉家庭农场的发展模式给附近的村民带来了很大的触动。附近不少村民争相学习，胡必玉对前来参观学习的村民也都倾囊相授，分享自己的生产技术与发展经验，使得附近村庄也陆续出现了不少复合种养的大户，影响力正逐步向周边扩散，必玉家庭农场成为以点带面的示范典型。

第四节 三产融合型家庭农场

三产融合型家庭农场是指家庭农场以农业为基本依托，通过产业联动、产业集聚、技术渗透、体制创新等方式，将资本、技术以及资源要素进行跨界集约化配置，使农业生产、农产品加工和销售、餐饮、休闲以及其他服务业有机地整合在一起，一二三产之间紧密相连、协同发展，最终实现农业产业链延伸、产业范围扩展和农民增加收入。

一、上海松江区李春风家庭农场

李春风家庭农场位于上海市松江区泖港镇腰泾村，创办于2008年，是品牌稻米绿色生产、生猪饲养和现代农机服务“三位一体”的集约型家庭农场。

李春风家庭农场秉承的规模化经营、种养结合、大力发展循环农业、延伸产业链条、打造品牌产品、开展社会化服务进行节本创收的理念取得了显著成效。

1. 提高机械化水平，开展规模化经营 李春风接管农场后关注的第一件事，就是提高农机作业率。农机驾驶与水稻耕作技术均为农场自己掌握，这是李春风家庭农场能够规模化发展的基础。近些年，李春风紧跟政策导向和松江特有的区域耕作特点，出资配置了 4 台拖拉机、1 台收割机、1 台精量穴直播机、1 台植保机，成为机农一体型农场。由于减少了用工成本、减轻了劳动强度，使得农业劳动生产率大大提高。同时，李春风与本村 4 户家庭农场主建立起了农机服务互助协作，形成了农机互助小组，为本村 1500 亩土地提供农机服务，提高了农场自有农机使用率，还能为农场带来 5 万元左右的净收入。

2. 种养结合，大力发展循环农业 2011 年，李春风申报了种养结合家庭农场。猪场建在农田旁，占地面积约 3 亩，其中，棚舍建筑面积 800 平方米，辅助用房 37 平方米，配有现代化通风、降温和粪尿收集利用设施。每年可饲养生猪 3 个批次，每批次约 500 头。每年农场的猪粪尿经发酵后回田利用，化肥施用量减少了 30%，长期实践下来，土壤肥力越来越高，土壤耕作层提高了 3~5 厘米。此外，李春风还在种植绿肥、深翻上下功夫。每年秋收后，按照二麦、绿肥、深翻各三分之一的茬口布局轮作，从而在休耕能力有限的情况下，能深翻晒垡、休养土地。从 2015 年开始，李春风率先取消了二麦种植，冬闲时节大田全部用来种绿肥或深翻，不断寻找提升土壤质量的养地诀窍。

3. 延伸产业链条，从“卖稻谷”走向“卖大米” 2014 年，松江大米成功获批为沪上唯一稻米类国家地理标志保护产品。李春风家庭农场正是松江大米的核心种植区和主产地。2015 年，李春风创办了上海万群粮食专业合作社，并入选“松江大米”品牌指定销售点，不仅经营自家生产的优质大米，还与松江本地农业龙头企业签约，以高于稻谷市场收购价 15% 的价格销售优质稻谷。近两年，在与消费者的互动中，李春风感受到了市民对安全健康农产品的旺盛需求。为此，他添置了新科技设备，运用物联网收集农田环境数据，安装了 24 小时监控视频，让消费者有机会看到水稻的种植情况，提高了大米的市场竞争力。

2016 年，李春风家庭农场注册了“李春风”牌大米商标，按照国家绿色食品标准和申报要求，申请绿色认证。2019 年 2 月被中国绿色食品发展中心认证为绿色食品 A 级。

二、江西南昌县凤皇家庭农场

凤皇家庭农场以“奇、全、香、趣”为特色，创新设计各类休闲农业旅游项目，得到广大游客的赞许，已然成为江西休闲农业家庭农场闪亮的名片。

1. 以特色塑造特点　2016 年以来，农场规划先行，将满足不同年龄段顾客群一日游定位为农场发展目标，重点打造“奇、全、香、趣”四大特色。奇：通过果树嫁接和栽培管理，培育了 200 棵开多种花挂多种水果的“奇幻果树”，最多的一棵树可开 14 种花、长 14 种果，真乃是满园“奇幻果树”待君赏。全：农场内种植 32 种水果，实现 365 天不间断采摘，50 余项拓展游戏项目游客嗨翻天。香：农场开发的柴火灶盐煲鸡、红泥荷叶叫花鸡、纯正土湖鸭猪肚汤、秘制酱香猪蹄花、农家切糕子米糊等农家美味，满足了游客的食欲。趣：农场首创浑水摸鱼、竹林钓虾、旋转铁炉烤红薯、古装穿越、篝火晚会、自助野炊农家厨房等趣味项目，游客纷纷称赞。

2. 以创新吸引游客　农场在体验项目设计、农场宣传推广、进场套餐设置等方面大胆创新，举办了“凤皇农场首届千人桃花古装穿越节”，游客络绎不绝。一是体验项目的创新。依托农场树形优美的 10 棵树龄 12 年以上的水蜜桃树，借鉴《三生三世十里桃花》电视剧，搭建 3 个电视剧同款的稻草亭，配上不同款式的主题古装、古剑、古筝、根雕茶桌、古扇、围棋等道具，在桃花花期拍摄制作“许你三生三世、邀你十树桃花古装穿越节”视频，通过微信和网络发布，让游客体验之前就如身临其境，引导游客迫不及待地想体验一番，7 天花期，其间吸引了 2000 余名游客。同时，还策划了“千人浑水摸鱼田园乡趣节”“乡村野炊节”“龙虾垂钓节”“果树科普节”，吸引了大量游客。二是套餐设置创新。2016 年以来，农场打破传统门票销售思维，针对客户群体需求的不同，设置五种价格不等的一日游套餐，告别烦琐收费环节，让游客主动消费，积极参与各个项目，增加项目体验效果。三是宣传方式创新。建立游客交流微信群 13 个、农场产品销售微信群 4 个、官方微信公众号 1 个、小程序“江西特色农庄直营平台”1 个，全部用于服务游客。

3. 以口碑打造品牌　近年来，农场将品牌建设贯穿于农场的规划、体验项目设计中，赢得了广大游客的赞誉。一是农场品牌建设。聘请专业公司重新规划，将农场细分为综合服务区、生态采摘区、休闲垂钓区、农事体验区、景观游憩区、野营拓展区等功能区，建成多功能休闲家庭农场，加强对外的宣传，已成为江西省的知名农场。二是产品品牌建设。农场坚持生态种植和质量至上，确保游客购买水果的质量。先后成为江西乐村淘、欧尚、旺中旺等超市的供应商。同时，农场自主研发了金橘酒养生酒，此酒采用古法泡制，以金橘、枸杞、红枣等为主要原料，目前正在注册商标，计划批量生产。三是农场主品牌建设。近年来，农场主张伟多次受邀到江西省农业农村厅、凤凰沟白浪湖培训中心分享家庭农场发展经验，多次接待省内家庭农场主考察学习，从不吝啬介绍发展经验，在行业内受到了极高的赞誉。2018 年，张伟在南昌市洪城创业故事汇竞赛中成绩优异，荣获南昌市洪城创业故事汇优秀奖、南昌市洪城创业故事汇感动大使，同年还获得了南昌市优秀科普志愿者、南昌县五四青年奖章。张伟个人经历丰富，从媒体人跨界到音乐人，从音乐人再跨界到农场主，“跨界鬼才”已然成为凤皇家庭农场的一张闪亮的名片。

参考文献

[1] 农业农村部政策与改革司，农村发展研究所．中国家庭农场发展报告（2018年）[M]. 北京：中国社会科学出版社，2018.

[2] 刘和平．中国梦·美丽乡村建设之家庭农场 [M]. 广州：广东科学技术出版社，2016.

[3] 张雯丽，曹慧，张照新．家庭农场：内涵、功能与发展思路 [J]. 中国农垦，2014（4）：45—50.

[4] 王贻术．我国家庭农场发展研究 [D]. 福建：福建师范大学，2015.

[5] 肖化柱．我国家庭农场制度创新研究 [D]. 长沙：湖南农业大学，2017.

[6] 戎爱萍．财政政策支持家庭农场发展：角色定位、成长需要与领域选择 [J]. 经济问题，2020（10）：91—98.

[7] 王波．家庭农场：政策演变、特征内涵与培育路径研究 [J]. 东岳论丛，2019，40（05）：129—137，192.

[8] 叶云，尚旭东．家庭农场发展的省域财政支持政策研究——基于政策文本分析 [J]. 农业经济，2019（04）：80—82.

[9] 尹世久，吕珊珊，吴林海．基于偏好异质性的家庭农场扶持政策研究——黄淮海平原570个粮食类农场的实证分析 [J]. 华中农业大学学报（社会科学版），2018（05）：17—27，161.

[10] 赵军洁，高强，吴天龙．家庭农场经营行为与政府公共目标的实践偏离及政策优化 [J]. 经济纵横，2018（02）：105—112.

[11] 曹燕子，罗剑朝，张颖．家庭农场主贷款满意度影响因素研究——以河南省305个家庭农场为例 [J]. 西北农林科技大学学报（社会科学版），2018，18（01）：41—49.

[12] 王建华．偏向性扶持政策、资源错配与家庭农场培育——以山东省高唐县家庭农

场培育为例 [J]. 江苏农业科学，2017，45（17）：309—313.

[13] 金贞姬，徐健，宋成林 . 家庭农场发展与科技进步及政策支持研究——基于青岛市种植业家庭农场的调查 [J]. 林业经济，2016，38（12）：95—101.

[14] 曾福生，李星星 . 扶持政策对家庭农场经营绩效的影响——基于 SEM 的实证研究 [J]. 农业经济问题，2016，37（12）：15—22，110.

[15] 谢云，姚志，黎璟萍 . 家庭农场经营绩效的影响因素——以湖北为例 [J]. 江苏农业科学，2016，44（11）：541—544.

[16] 胡宜挺，叶红敏 . 家庭农场扶持政策需求优先序及影响因素分析——基于新疆的调查 [J]. 农业现代化研究，2016，37（04）：733—739.

[17] 尚旭东，朱守银 . 家庭农场和专业农户大规模农地的“非家庭经营”：行为逻辑、经营成效与政策偏离 [J]. 中国农村经济，2015（12）：4—13，30.

[18] 李仲林，续淑敏 . 积极培育发展家庭农场促进现代农业发展——以葫芦岛市为例 [J]. 农业经济，2015（10）：23—24.

[19] 张志鹏，李静，马永青 . 河北省家庭农场发展现状及对策研究 [J]. 黑龙江畜牧兽医，2015（18）：7—9.

[20] 赵佳，姜长云 . 家庭农场的资源配置、运行绩效分析与政策建议——基于与普通农户比较 [J]. 农村经济，2015（03）：18—21.

[21] 刘召勇，王亚钶 . 家庭农场成长条件与政策支持调查分析——基于河南的典型调查 [J]. 调研世界，2015（01）：27—31.

[22] 李俏 . 家庭农场发育的内在机理、政策演化与推进策略 [J]. 广东农业科学，2014，41（22）：196—199.

[23] 杜志雄，肖卫东 . 家庭农场发展的实际状态与政策支持：观照国际经验 [J]. 改革，2014（06）：39—51.

[24] 袁泉 . 支持家庭农场发展的财政政策建议 [J]. 中国财政，2014（11）：61.

[25] 刘新卫 . 家庭农场，呼唤土地政策创新 [J]. 中国土地，2013（07）：28—30.

[26] 徐亮 . 我国家庭农场发展的政策支持与立法保护研究 [J]. 农业经济，2020（12）：6—8.

[27] 宋洪远，石宝峰，吴比 . 新型农业经营主体基本特征、融资需求和政策含义 [J].

农村经济，2020（10）：73—80.

[28]吴成浩．河南省培育新型农业经营主体的金融政策研究[J].金融理论与实践，2019（08）：100—105.

[29]阮荣平，周佩，郑风田．“互联网＋”背景下的新型农业经营主体信息化发展状况及对策建议——基于全国1394个新型农业经营主体调查数据[J].管理世界,2017(07)：50—64.

[30]姚瑶．优化农村扶贫机制的政策建议[J].中国财政，2017（08）：63—64.

[31]管洪彦，孔祥智．农村土地“三权分置”的政策内涵与表达思路[J].江汉论坛，2017（04）：29—35.

[32]郭娅娟．新型农业经营主体融资担保的政策取向及发展路径[J].农业经济，2016（08）：115—116.

[33]谷小勇，张巍巍．新型农业经营主体培育政策反思[J].西北农林科技大学学报（社会科学版），2016，16（03）：136—141.

[34]李少民．支持新型农业经营主体发展的财政政策建议[J].中国财政，2014（19）：56—57.

[35]耿献辉，牛佳，葛继红．农业品牌运营管理[M].北京：经济管理出版社，2009.

[36]许传波，陆远强，汤森龙．农产品质量安全与农业品牌化建设[M].北京：中国农业科学技术出版社，2016.

[37]李明慧，周承波．家庭农场经营管理[M].北京：中国农业科学技术出版社，2015.

[38]刘菊华，张月明．家庭农场主要会计报表的编制实例[J].农村财务会计，2019（2）：45-50.

[39]张月明，刘蓉蓉．养殖业家庭农场的会计核算实例[J].农村财务会计，2018（11）：45-51.

[40]傅志强，黄璜．代家庭农场规划与建设[M].长沙：湖南科学技术出版社，2017.

[41]胡子有．家庭农场规划设计原则与方法[J].农业研究与应用，2015（3）：74-76.

[42]刘志坚，蒋玉红，吴琼．农产品直播电商发展对策研究[J].安徽农学通报，2020，26（22）：134-136.